地理信息系统在城市研究中的应用实验教程

Applying Geographic Information System to Urban Studies: a Manual

向华丽　贺三维　张俊峰　编著

内 容 简 介

本书是作者在多年从事地理信息系统应用教学与科研的基础上编著而成。全书共6章,第一章探讨了地理信息系统在城市研究中的应用现状;第二章主要介绍了城市地形数据分析原理、操作与案例;第三章概述了空间插值的基本原理,并详细描述了空间插值在城市环境中的应用操作与案例;第四章概述了路径分析与网络分析的基本原理,并详细描述了网络分析在城市空间可达性分析中的操作与案例;第五章概述了空间计量分析的基本原理,并详细描述了空间计量分析在区域经济发展格局及驱动力研究中操作与案例;第六章为基于地理信息系统的城市专题信息系统建设案例,主要介绍了城市管网信息系统、城市规划管理信息系统和数字化城市管理信息系统3个具体城市专题信息系统的建设内容、建设过程、建设中的主要规范、系统中主要技术和系统实施的各项管理制度;最后以华为和IBM"智慧城市"建设方案为例,概述了"智慧城市"建设理念。

本书可以作为高校城市管理等非地理信息系统专业本科生学习《地理信息系统》和《城市管理信息系统》等课程的案例与实验教材,也可用作其他需要使用空间分析、空间计量分析的经济、法律和管理等学科的本科生、研究生及科研人员的操作参考书。

图书在版编目(CIP)数据

地理信息系统在城市研究中的应用实验教程/向华丽,贺三维,张俊峰编著. —武汉:中国地质大学出版社,2016.10
ISBN 978-7-5625-3827-1

Ⅰ.①地…
Ⅱ.①向…②贺…③张…
Ⅲ.①城市-地理信息系统-教材
Ⅳ.①TU984

中国版本图书馆 CIP 数据核字(2016)第 246934 号

地理信息系统在城市研究中的应用实验教程	向华丽 贺三维 张俊峰 编著
责任编辑:王 荣	责任校对:张咏梅

出版发行:中国地质大学出版社(武汉市洪山区鲁磨路388号)		邮政编码:430074	
电 话:(027)67883511	传真:67883580	E-mail:cbb @ cug.edu.cn	
经 销:全国新华书店		http://www.cugp.cug.edu.cn	
开本:787mm×1092mm 1/16		字数:234 千字	印张:9.125
版次:2016 年 10 月第 1 版		印次:2016 年 10 月第 1 次印刷	
印刷:武汉市籍缘印刷厂		印数:1—1000 册	
ISBN 978-7-5625-3827-1			定价:28.00 元

如有印装质量问题请与印刷厂联系调换

目 录

第一章　GIS 在城市研究中的应用现状 …………………………………… (1)
第一节　地理信息系统新的机遇与挑战 ………………………………… (1)
第二节　地理信息系统的推广应用 ……………………………………… (1)
第三节　地理信息系统在城市社会科学研究中的新应用 …………… (2)

第二章　GIS 在城市地形和水文分析中的应用实验 …………………… (4)
第一节　数据准备 ………………………………………………………… (4)
第二节　常见的地形制图法 ……………………………………………… (7)
第三节　地形要素 ………………………………………………………… (13)
第四节　综合案例分析 …………………………………………………… (17)

第三章　GIS 在城市环境中的应用实验 ………………………………… (30)
第一节　概念梳理 ………………………………………………………… (30)
第二节　全局插值法 ……………………………………………………… (31)
第三节　局部插值法 ……………………………………………………… (33)
第四节　空间插值方法的比较 …………………………………………… (40)
第五节　综合案例分析 …………………………………………………… (40)

第四章　GIS 在城市空间可达性中的应用实验 ………………………… (48)
第一节　最小耗费路径分析 ……………………………………………… (48)
第二节　地理网络分析 …………………………………………………… (54)
第三节　综合案例分析 …………………………………………………… (60)

第五章　GIS 在城市经济发展中的应用实验 …………………………… (65)
第一节　空间格局表征和计量 …………………………………………… (65)
第二节　探索性空间数据分析 …………………………………………… (67)
第三节　空间回归分析 …………………………………………………… (74)

    第四节　案例分析 …………………………………………………………(78)

第六章　基于地理信息系统的城市专题信息系统建设案例 ……………………(87)

　　案例1　城市管网信息系统建设案例 ………………………………………(87)

　　案例2　城市规划管理信息系统建设案例 …………………………………(96)

　　案例3　数字化城市管理信息系统建设案例 ………………………………(104)

　　案例4　智慧城市的建设与建设策略案例 …………………………………(119)

主要参考文献 ………………………………………………………………………(138)

第一章 GIS 在城市研究中的应用现状

第一节 地理信息系统新的机遇与挑战

地理信息系统(Geographic Information System,GIS)是一门综合性学科,结合地理学与地图学以及遥感和计算机科学,已经广泛地应用在不同的领域,是用于输入、存储、查询、分析和显示地理数据的计算机系统,随着 GIS 的发展,也有称 GIS 为"地理信息科学"(Geographic Information Science),近年来,也有称 GIS 为"地理信息服务"(Geographic Information Service)。GIS 是一种基于计算机的工具,它可以对空间信息进行分析和处理(简而言之,是对地球上存在的现象和发生的事件进行成图和分析)。GIS 技术把地图这种独特的视觉化效果和地理分析功能与一般的数据库操作(例如查询和统计分析等)集成在一起。

古往今来,几乎人类所有活动都是发生在地球上,都与地球表面位置(即地理空间位置)息息相关,随着计算机技术的日益发展和普及,地理信息系统以及在此基础上发展起来的"数字地球""数字城市"在人们的生产和生活中起着越来越重要的作用。

从城市角度来看,叶嘉安(2016)一方面肯定了地理信息系统在智慧城市建设中的作用。如地理信息系统为智慧城市建设提供了空间数据基础,为集成其他建设信息提供了空间参照系统。与此同时,地理信息系统还可以为收集、存储、分析和展示这些与空间相关的信息提供相应的理论和方法,为智慧城市建设提供服务和决策支持。另一方面也指出智慧城市为现有的地理信息系统在海量异构大数据方面带来了新的挑战。龚雅健(2013)基于"时空过程模拟与实时 GIS 系统"项目,指出时空信息在智慧城市建设中的重要性,希望在智慧城市的时空信息技术支撑方面取得一定的突破,从而为智慧城市建设贡献力量。

隋殿志等(2014)指出新兴的开放文化将会急速地改变游戏规则,并对技术发展、科学研究、商业实践、政府决策,甚至是个人消费产生极其深远的影响。开放式 GIS 范式提供了解决 GIS 问题的最好答案之一,如在解决最优决策和智能功能方面。开放式 GIS 的机遇至少体现在以下 4 个方面:①技术发展,技术的发展与突破可解决空间上的海量数据所带来的问题;②应用开发,主要是用于集体或个人决策的应用程序的开发;③好奇心驱使下全民参与的机会,地理科学可以发展成一种开放性的全民科学,人们将对我们日益变化的地球增进了解;④教育的机遇,将通过开放式 GIS 更好地实现在线教育。

第二节 地理信息系统的推广应用

20 世纪 70 年代,是 GIS 理论探索、技术储备的重要时期,进入 80 年代,出现了商业化运作的 GIS 软件产品,开始在发达国家推广。至少在如下领域出现了很多基于 GIS 的实用信息

系统:
(1) 土地、房产管理(包括房地产税收)。
(2) 农业、土壤、水资源评价、规划。
(3) 森林采伐、养育。
(4) 资源调查、地质勘察。
(5) 环境监测、评价。
(6) 市政、公用设施管理。
(7) 交通运输。
(8) 城市建设管理(包括城市规划、市政管理等)。
(9) 国防、军事。

20 世纪 90 年代是 GIS 应用扩展时期,物流、服务设施选址、医疗卫生、治安、防灾、救灾等领域也得到应用。进入 21 世纪,借助互联网,特别是移动互联网,GIS 走向大众化,其中车辆导航、面向公众的地图浏览是两个迅速普及的领域(宋小冬等,2010)。

第三节 地理信息系统在城市社会科学研究中的新应用

地理信息系统除了在城市信息化建设方面得到充分应用外,近年来,随着大数据时代的到来,使得地理信息系统在社会科学领域的应用研究也得到了快速发展。王法辉(2011)指出"空间化"是社会科学近年来发展的潮流之一。社会科学的发展遇到更多的空间问题,这些问题的复杂性需要系统的科学方法来解决,例如全球化带来的区域间空间相互作用、环境变化中自然与人文因素的地域性。围绕这一主题的相关学术会议层出不穷,相关专著也越来越多。美国加州大学圣达巴巴拉分校的空间综合社会科学研究中心(Center for Spatially Integrated Social Sciences,CSISS)就是在美国国家科学基金(National Science Foundation,United States,NSF)资助下于 1999 年创建并发展起来的,为促进各种社会科学和行为科学中空间因素的分析发挥了重要作用。英国伦敦大学学院(University College London)的高级空间分析中心(Centre for Advanced Spatial Analysis,CASA)也集聚了地理学、经济学、城市规划、物理学、计算机科学等多学科的专家,集中研究社会经济系统在时空演变中的客观规律以及相应的政策与规划手段。哈佛大学 2005 年成立了一个地理分析研究中心(Center for Geographic Analysis),宗旨就是要推动空间分析和地理信息系统在人文与社会科学研究中的应用,中国历史地理信息系统(China Historical GIS,CHGIS)就是他们与中国学者合作的代表作。另外也属于常青藤联盟的布朗大学,近年来也在空间社会科学结构(Spatial Structures in Social Sciences,S4)的旗帜下着力整合社会科学中关注空间问题的各方面的学者,推动社会科学的空间化。

以下以三个实例说明 GIS 在城市相关社会科学领域中的应用,分别是城市社区管理、城市环境管理与城市人群行为研究。

1. 城市社区管理研究

Gordon-Larsen 等(2006)分析健身设施的地理和社会分布及其可获得性的差异性与肥胖的关系。基于 Logistic 回归在社区空间尺度上检验了健身设施与社会经济水平间的关系;基于个人为样本单位,检验了健身设施与超重、体育锻炼间的联系。结果表明,高的社会经济水平区域具有高的健身设施可获得性,低的社会经济水平以及种族较多的区域具有较低的健身设施可获得性。基于边际效应的角度,增加一单位的健身设施就会相对增加一周大于等于5次的适度体育锻炼从而减少超重。显然,随着空间数据的普及以及GIS技术的发展,使得社会科学中传统的以人或家庭户为样本的计量分析逐步拓展到了以区域(不同空间尺度)为样本的计量分析,使得很多具有地域性的问题得到了定量的解答。

2. 城市环境管理

Michael等(2003)基于三个出生队列分析了交通大气颗粒物污染对哮喘发病率的影响。基于计量模型估计了荷兰,德国的慕尼黑,瑞典斯德哥尔摩三个城市社区人口交通大气颗粒物污染长期暴露平均水平。在1999年2月到2000年7月约1年时间内每两个星期1次在选择的监测点对大气颗粒物浓度进行测度,并对这些测度值计算年平均浓度。基于GIS搜集交通相关的变量,如人口密度、交通密度,并基于回归模型预测年平均大气颗粒物浓度。从这些模型,我们可以估计队列成员家庭周边大气颗粒物浓度。结果表明:使用交通相关的变量回归模型能够分别解释三个城市大气颗粒物浓度变化的73%、56%和50%。对过滤吸光度,回归模型分别解释了大气颗粒物浓度变化的81%、67%和66%。交叉验证估计的模型预测误差表示根均方误差PM2.5为$1.1 \sim 1.6 \mu g/m^2$,吸光度为$(0.22 \sim 0.31) \times 10^{-5} m$。因此,交通变量能够解释所有位置大气颗粒物年平均浓度的大部分变化。这个方法可以用来估计个人暴露与流行病学相关性研究,能够替代代理变量或传统利用周边环境监测数据的方法。

3. 城市人群行为研究

引用最多的文章是基于10万移动电话用户6个月的轨迹数据进行人类行为研究(Gonzalez et al,2008)。大量的移动轨迹数据蕴含人类行为的时空分布特性,对其研究可以挖掘人们的移动模式,理解人类行为动力学特征,同时了解用户所在区域的生活方式、地理环境、交通状况、发展水平等,进而为城市建设、道路规划、社会发展等提供参考。邓中伟(2012)指出在个人移动通讯、自动导航以及云计算普遍使用的今天,交通信息服务已经进入到智慧地球和自发式地理信息时代,导致了居民活动数据的获取和分析方式的巨大变化。并研究如何通过对海量异源异构数据进行有效整合,利用空间分析和智能化方法相结合的手段,提取和表达蕴含在居民出行轨迹数据中大量的人类活动信息和时空行为模式,对交通需求进行基于活动的预测管理,为城市交通拥挤问题提供解决方案。毛峰(2015)指出通过对城市当中多种异源异构的人类行为轨迹数据的获取、整合、分析和挖掘,来提取关于城市在职住空间方面的知识和智能,可有效识别和分析城市职住空间的特征。

第二章　GIS在城市地形和水文分析中的应用实验

在传统的地形图中,用等高线、地貌符号及必要的数字注记表示地形,用各种不同符号与文字注记表示地面物体的位置、形状及特征,这都是将地面上的信息用图形与注记的方式表示在图纸上,这种优点在于能很直观地把地貌、地物以及各种名称表现出来,便于人工使用。但是,随着计算机技术和信息处理的飞速发展,纸质地图不能被计算机直接利用,无法满足各种工程设计自动化的要求,因此,地图的数字化产品逐步开发应用。在地图的数字化产品中,数字高程模型是一种典型的数字化产品,具有广泛的实际应用价值。

数字高程模型(Digital Elevation Model,DEM)概念于1958年由Miller首次提出,数字地面模型(Digital Terrain Model,DTM)是对地球表面实际地形地貌的一种数字建模过程(杨德麟,1998)。后来人们把基于高程或海拔分布的数字高程模型简称为DEM,DEM是建立DTM的基础数据,其他的地形要素可由DEM直接或间接导出,如坡度和坡向。目前DEM在水文建模、滑坡圈绘、土壤侵蚀、矿山工程、防洪、军事工程、飞行器与战场仿真等诸多领域得到了广泛应用(汤国安等,2001;李翀等,2004;He et al,2012;汤国安,2014),DEM自开始被采用以来,就因为其很强的应用性,受到了研究者极大的关注。

本章第一节介绍三种主要的DEM数据类型;第二节介绍常用的地形制图类型;第三节介绍四种地形要素;第四节是典型案例分析,并附以具体的操作步骤,以供读者进行操作训练。

第一节　数据准备

地球表面有山川河流,其延绵起伏的地表是地图制作者所熟悉的。地形制图和分析技术的快速发展使GIS融入到各种应用领域中。DEM是地表形态的数字化表达和模拟,表示高程点的规则排列。DEM具体定义为通过有限的地形高程数据实现对地形曲面的数字化模拟,是在计算机存储介质上科学而真实地描述、表达和模拟地形曲面实体,其建立实际上是一种地形数据的建模过程,是DTM的一个分支。随着GIS的发展,DEM成为空间信息系统的一个重要组成部分,在测绘、遥感、军事、工业等行业有广泛的应用。

DEM也可以用数学表达式表达,是指在区域D上的三维向量有限序列$\{V_i = X_i, Y_i, Z_i; i=1,2,3,\cdots,n\}$,其中$(X_i,Y_i \in D)$是平面坐标,$Z_i$是$(X_i,Y_i)$的高程。DEM数据模型主要包括规则格网、不规则三角网、等高线、离散点、断面线和混合式六种类型(谭仁春等,2006)。离散点数据模型,用散点的方式存储每个点的X、Y、Z值;不规则三角网数据模型,包括组成不规则三角形的点、线、面;等高线的数据模型,以等高线的方式记录高程位置信息;断面线DEM数据模型,断面线上按不等距离方式或等时间方式记录断面线上点的坐标;规则格网DEM数据模型,以行列的方式记录每个点的三维坐标值;混合式DEM数据模型,主要在已有的Grid基础上增加地形特征线和特殊范围线,规则格网DEM被分割从而形成一个局部的不规则三角网。其中规则格网、不规则三角网最常用,且二者可以相互转换,同时也基本满足了地学研究和应用的需求,因此我们主要介绍这两种数据。

1. 规则格网

规则格网数据模型的数学含义是指在高斯投影平面上一系列在 X,Y 方向上等间隔排列的地形点的平面坐标(X,Y)及其高程(Z)的数据集。其任意一点的 P_{ij} 的平面坐标可根据该点在 DEM 中的行列号 i,j 及存放在该 DEM 文件头部或 DEM 辅助文件的基本信息推算出来。

矩形格网 DEM 的优点:存储量最小,数据采集自动化程度高,可以进行压缩存储,便于与遥感和栅格 GIS 结合,非常便于使用而且容易管理,因而是目前应用最广泛的一种形式。

矩形格网 DEM 的缺点:对山区、丘陵或地貌比较破碎地区,在格网中地形的结构和细部点的高程比四个格网点的高程都高或都低时,这些部分的内插高程与实际高程有一定的误差,所以不能正确表达地形的结构和细部,因此,基于 DEM 描绘的等高线不能正确地表示地貌。

为了完整地表示地貌,可以采用附加地形特征数据,如特征点、山脊线、山谷线等,从而构成完整的 DEM(郭庆胜等,2008)。无论 DEM 的数据从何而来,在做地形制图与分析之前,基于点的 DEM 数据必须首先转换成栅格数据格式,这样 DEM 数据中的高程点就会置于高程栅格的像元中心,DEM 和高程栅格数据就可以相互转换。虽然数字地形分析中的各种地形地貌因子和地形特征在不同结构的 DEM 上都可产生,但以在格网 DEM 上的实现最为简单,效率也最高。目前,许多国家的 DEM 数据都是以规则格网的数据矩阵形式提供的。

图 2-1 为我国格网 DEM 图,将其慢慢放大直至可见一个一个的栅格[图 2-1(c)],每个栅格的灰度值即对应一个高程值。根据颜色的深浅可判断出图 2-1(a)、(b)中的山谷线和山脊线,请读者思考。

2. 不规则三角网(TIN)

TIN 是指用一系列无重叠的三角形来近似模拟陆地表面,从而构成不规则的三角网。TIN 是 DEM 中一种很重要的数据模型,被视为最基本的一种网络,它既可适应规则分布数据,也可适应不规则分布数据;既可通过对三角网的内插生成规则格网网格,也可根据三角网直接建立连续或光滑表面模型,TIN 与规则格网 DEM 数据相对比,TIN 是基于高程点的不规则分布(朱庆等,1998)。由于构成 TIN 的每个点都是原始观测数据,避免了 DTM 内插的精度损失,所以 TIN 能较好地顾及地貌特征点、线,表示复杂地形比矩形格网精确。但是,TIN 的数据量较大,因为不仅要存储每个网点的高程,还要存储其平面坐标、网点连接的拓扑关系、三角形及邻接三角形等信息,另外数据结构较复杂,因此使用与管理也较复杂。研究能适应于海量数据的、高效的和符合实际应用需求的 TIN 的生成方法就是为了找到一种能高效建立数字高程模型的方法,使我们能够将数字高程模型应用到更广泛的地学领域中去。

TIN 的模型如图 2-2 所示。首先此模型是指根据区域内有限个点集将区域划分为相连的三角面网络,此时区域内的任意点与三角面的关系只有三种,即落在三角面的顶点、边上或三角形内。根据点落的情况,可以将点的高程值用以下三种情况分析:如果点落在三角形的边上,则其高程值用两个顶点的高程;如果点落在三角形内,则用三角形三个顶点的高程值表示;如果点落在顶点上,则用顶点的高程值表示。如果点没有落在顶点上,则需要用插值法来计算出来。

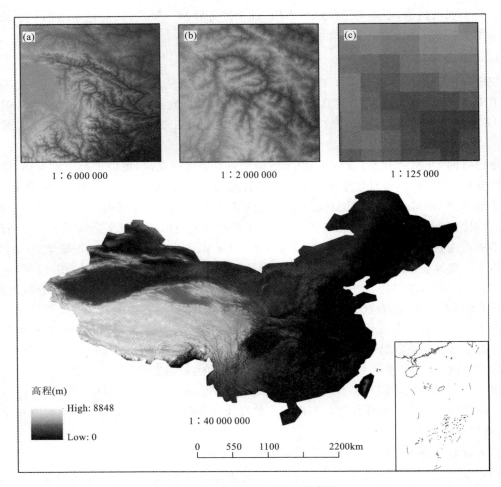

图 2-1　我国格网 DEM 示意图

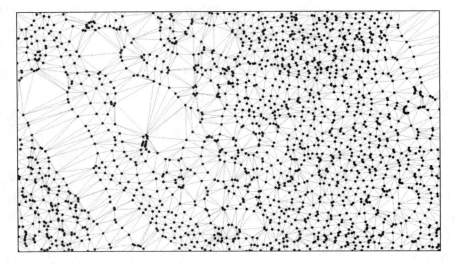

图 2-2　TIN 示意图

第二节 常见的地形制图法

本节介绍五种地形制图技术：等高线法、垂直剖面法、地貌晕渲图法、分层设色法和透视图法(Collier et al,2003)。

1. 等高线法

等高线是表示高程值相同的点的连线，是特殊的等值线。由等高线法制成的地图称为等高线地图，等高线地图是用二维平面表示三维地形的重要工具，等高线是地图学中最常用的地理要素，是地理信息系统最基础的数据。基于等高线的三维真实感地形的重建，摆脱了等高线二维图形表现地形、地貌特征的局限性。利用等高线数据构造三维地形不仅能保证一定的几何精度，而且数据易于获得，包含有丰富的地形地貌特征。

目前，人们普遍认为用等高线正射投影法在地图上描绘地形，是表示地形起伏几何信息的最好方法。等高线就是与水平面平行的平面上的曲线，这些平面线上各点的高程相等，此高程就是相应等高线的高程。其本质上是一种虚构的线条，在实际地貌中并不存在。该方法的优点是等高线以一种简洁而又严谨的方式记录和传播地貌的几何形态、高程与高差、坡度与坡向，适合专业人士用图。其缺点是缺乏立体感，难以直观理解，不能产生直观形象的立体感，与真实的地貌形态具有很大差异。

在等高线地形图上，所有的地形信息都正交地投影在水平面上。如图2-3所示，它具有以下特性：在同一条等高线上各点的高程相同；等高线不相交；等高线是一条连续闭合曲线，但在一幅图上不一定全部闭合；等高距全图一致；等高线疏密反映坡度缓陡；等高线与山谷线、山脊线成正交，山谷线突向高处，山脊线突向低处，等高线密集的区域表示此地区地形陡峭。根据此特性，读者可判断图2-3中西边山坡与东边山坡哪一边更加陡峭，并辨别出山谷和山脊。

图2-3 等高线法

习作2-1 生成等高线并进行等高线标记

所需数据:dem,一个像元大小25m的高程栅格。

(1)启动ArcMap,添加dem到Layer,重命名为Task1。确认Tools菜单下Customize和Extensions中的3D Analyst均已打钩。

(2)双击dem图层,点击Source选项卡。对话框中显示出dem属性有910列、749行,像元大小为25m,值域为1801~2432m。且dem是浮点型的ESRI格网(grid)。

(3)在菜单栏上打开ArcToolbox,依次选择3D Analyst Tools→Raster Surface,双击Contour,打开对话框,在Input raster下选择dem,在Output polyline features选择保存路径并命名为contour.shp,在Contour interval一栏中输入100,表示等高线间隔为100m,点击OK。

(4)图层contour.shp会被自动加载到ArcMap,右击选择Properties,打开Layer Properties的对话框,选择Labels栏,勾选Label features in this layer,选择Contour作为Label Field。

(5)在Labels栏下点击Symbol,继续点击Edit Symbol,在弹出的对话框中选择Mask选项栏,选择Halo,点击确定。

(6)在Labels栏下点击Placement Properties,在Position一栏仅勾选On the line,点击确定。根据需要,可以设置等高线的颜色、粗细等。

2.垂直剖面法

垂直剖面一般是沿地表某一线(如河流、山脊)的高度向下作垂直切面而形成的直观形象的剖面,它能更加直观地反映某个地区地势高低起伏状况(曲均浩等,2007)。在手工绘制垂直剖面图时,是以等高线地形图为基础转绘而成的,自动绘制剖面图时,可在高程栅格、TIN或terrain数据集表面上创建剖面(图2-4)。

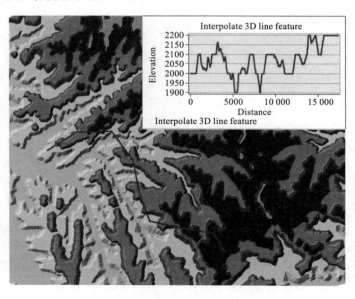

图2-4 由TIN提取垂直剖面

习作 2-2　提取垂直剖面

所需数据：contour.shp，为由习作 2-1 所生成的间隔为 100m 的等高线矢量图层。

(1) 启动 ArcMap，添加 contour.shp 到 Layer。确认 Tools 菜单下 Customize 和 Extensions 中的 3D Analyst 均已打钩。

(2) 在菜单栏上打开 ArcToolbox，依次选择 3D Analyst Tools→Data Management，双击 Create TIN，打开对话框，在 Input Feature Class 下选择 contour.shp，在 Output TIN 选择保存路径并命名为 TIN，点击 OK。

(3) TIN 数据集自动加载到 ArcMap，双击该图层打开 Layer Properties 对话框，选择 Symbology 选项，将 Edge types 前面检查框中的钩去掉，点击确定。将图层 contour 前面检查框中的钩去掉。

(4) 在菜单栏空白处右击，勾选 3D Analyst，出现 3D Analyst 工具条，单击 Interpolate line，在 TIN 数据集上将折点添加到线后，双击以停止数字化。

(5) 在 3D Analyst 工具条上选择 Profile Graph，出现垂直剖面图。切换到 Layout view 页面，单击 Profile Graph，并右击选择 Add to Layout，关闭原垂直剖面图。

(6) 双击 Profile Graph，选择 Appearance，在 Title 和 Footer 下均输入 Interpolate 3D line feature，在 Axis properties 下 Left 选项 Title 处输入 Elevation，在 Bottom 选项 Title 处输入 Distance。

3. 地貌晕渲图法

地球表面是个凸凹不平的曲面，如何在一张平面的地图上表现出这种起伏不平的地貌，使之既能定位、定量，又有立体感，是个比较复杂的制图问题。历代地图学家从不同角度、不同原理出发创造了很多表示方法。

晕渲法是指根据假定光源对地面照射所产生的明暗程度，用相应浓淡的墨色或彩色沿斜坡渲绘其阴影，造成明暗对比，从而显示地貌的分布、起伏和形态特征。地貌晕渲图是指模拟太阳光与地表要素相互作用下的地形容貌，通俗来讲就是光源从某个角度照射表面时所产生的明暗效果（吴樊等，2003）。面光的山坡明亮而背光的山坡阴暗。由于这种光影阴暗法对地形起伏具有突出的表现力，因此晕渲逐渐成为表达地貌立体感的主要方法之一。目前，晕渲法是水平投影法中三维效果最好的一种地貌表示法。过去采用晕渲法表示地貌时，工艺复杂、工作量大，所以这种方法没有得到大规模的应用。从 20 世纪 90 年代开始，随着计算机在各个领域的应用，晕渲法才大量被应用于地图生产实际中。

通常最高品质的晕渲图都是天才艺术家手绘的，绘制者必须技术高超，同时也必须熟悉所绘地形的特征。随着技术的发展，人们一直试图在制作过程中尽可能利用计算机，使制作者所需的艺术才能减到最低限度。在计算机中生成地貌晕渲图的原理是：首先在 DEM 数据的基础之上，根据光照度、高程值及有关数据对地形进行建模，再编制程序输入计算机，由计算机设备实现地貌渲染。具体来说，是将地面立体模型的连续表面分割成许多个单元（如矩形），然后根据单元平面与入射光线之间的关系计算出每个单元的光照度，确定其灰度值，并把它投影到平面上，达到模拟现实地貌起伏的效果。当然，单元选得越小，表现的晕渲就越连续、自然。在这个过程中地貌晕渲视觉效果主要受太阳方位角和太阳高度角的影响。太阳方位角，是光线进来的方向,光线变化范围为顺时针方向0°~360°,一般默认的太阳方位角是315°。太阳方位角其实就是光源位置的意思,光源位置大体上有3种:直照光源、斜照光源和综合照光源。直照光源有助于表现地表的细部特征,斜照光源有利于表示地表的起伏,而综合光照结合直照和斜照的特点,表现地表的特征介于二者之间。太阳高度角是入射光线与地平线的夹角,变化范围为0°~90°。地貌晕渲效果也受坡度和坡向的影响。

在制作地貌晕渲图时,不仅要考虑光影变化的要求,还要考虑色彩表现的要求,在设色时将色彩的立体特征与地形地貌特征相结合,根据地形地貌特征,设计相应的色彩,如红、橙、黄及其中间色有凸起感,为前进色,可用于表示山地等;青、蓝、灰及其中间色有凹下感,为后退色,可用于表示平原和谷地等。

图2-5是利用DEM数据由GIS软件自动生成的晕渲图,可以看出晕渲图能够很醒目地表示出区域总的地势起伏和地貌的整体格局以及区域内主要山脉、主要地貌的立体形象。

图2-5 由DEM生成的地貌晕渲图

4. 分层设色法

分层设色以地貌等高线为依据应用颜色的饱和度和亮度变换,按不同高程带的自然象征色设色,来表现地貌形态和高度分布的特征(凌勇等,2009)。选用合理的颜色来显示不同的高程,一方面可以起到强调特殊的高程分区的作用,另一方面能够使地图具有明快、美观的立体效果,让读者清晰易读。

习作 2-3 生成地貌晕渲图

所需数据：dem，一个像元大小 25m 的高程栅格。

(1) 启动 ArcMap，添加 dem 到 Layer。确认 Tools 菜单下 Customize 和 Extensions 中的 3D Analyst 均已打钩。

(2) 在菜单栏上打开 ArcToolbox，依次选择 3D Analyst Tools→Raster surface，双击 Hillshade，打开对话框，在 Input raster 下选择 dem，在 Output raster 中选择保存路径并命名为 dem_hillshade，点击 OK。

(3) 图层 dem_hillshade 会被自动加载到 ArcMap，右击选择 Properties，打开 Layer Properties 的对话框，选择 Symbology 栏，将 Color Ramp 改成绿色向红色渐变的彩色带。

(4) 然后点击 Layer Properties 对话框中的 Display，更改 Transparency 的值为 50%。

分层设色地势图的立体感强，既能表示地势，又能在一定程度上表示各种地貌形态类型，区分高山、中山、低山、丘陵、平原、盆地等地貌单元。分层设色最重要的就是建立合适的高度表。每一张图都有自己的高程表，这是建立美观、协调、合理地势的重要依据。高程表的基本单元是等间隔的，每一个单元就是一个高程带，随地势增高，各高程带的等高距逐渐增大。每个高程带的界线是与地貌类型的界线相吻合的，高程带的交界也是颜色变更的界线。所以设计地貌高程表对地形表达有至关重要的作用。

设计地貌高度表的原则和步骤：

(1) 确定研究区域内各种不同类型的地貌特征，这是确定高程带等高距的关键。

(2) 划分高程带。在划分高程带过程中需要研究同类小比例尺地势图的高度带，为了更好地表示地形地貌，可以采取变动的等高距。在开发程度较高的地区，需详细表示这些地区的地表起伏，等高距略小；而对于可概略表示的高山区域，其等高距可大些。每个高程带应反映地面按高度分布的某种地貌类型，高程带的分界线选在地貌类型的变更线上。

(3) 高程带设色的原则需按照人们阅读地势图的通常习惯，用象征色来表示不同的高程带，如陆地按地面由低到高的顺序，用绿、黄、棕等颜色分别表示平原、高原和高山地貌，绿色越浓，表示地势越低，黄色越深海拔越高，棕褐色越深，表示地势越高；海洋用浓淡不同的蓝色表示海洋的不同深度。雪线以上的地区通常用近似白色的浅紫色表示。

(4) 通过不断地实验和调整高度表高程带，建立最终合适的高度表。

分层设色法就是在不同的高程梯级内，设以有规律的颜色来表现地貌的起伏。但分层设色法的优势并不在于其对山体三维效果的表达，而在于其表现了山体高度带的分布规律以及生动的背景效果。图 2-6 为由 DEM 生成的分层设色图。

5. 透视图法

透视图法是地形的三维视图。透视图主要受观察方位、观察角度、观察距离和竖向比例尺的影响。观察方位是指观察者到地表面的方向，变化范围是顺时针 0°～360°；观察角度是观察者所在高度与地平面的夹角，在 0°～90°之间，观察角度为 90°表示从地表正上方观察地面，观察角度为 0°表示从正前方观察地面，因此观察角度是 0°时三维效果最大；观察距离是观察者与地表面的距离，可以调整观察距离来近看或者远看；竖向比例尺是垂直比例尺与水平比例尺的比率。图 2-7 是由 DEM 进行三维拉伸产生的透视图。

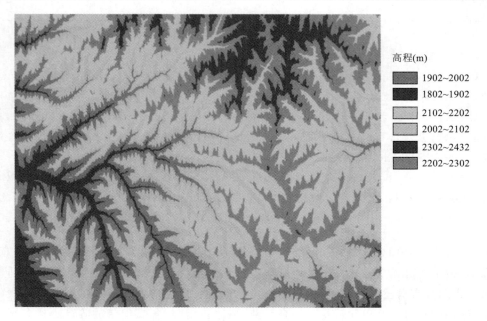

图 2-6 由 DEM 生成的分层设色图

习作 2-4 生成分层设色图

所需数据：dem，一个像元大小 25m 的高程栅格。

(1) 启动 ArcMap，添加 dem 到 Layer。确认 Tools 菜单下 Customize 和 Extensions 中的 3D Analyst 均已打钩。

(2) 双击图层 dem，打开 Layer Properties 的对话框，选择 Symbology 栏，将 Color Ramp 修改为绿色向红色渐变的彩色带，点击 Classify，打开分类对话框。

(3) 将 Classes 修改为 6，在 Break Values 里将前五个临界值修改为 1902、2002、2102、2202、2302，点击 OK，回到 Layer Properties 对话框。

(4) 在颜色分类指示框内，单击 Label 栏，选择 Format Labels，在 Rounding 框内，选择第一项 Number of decimal places，并修改为 0，点击 OK，点击确定。由此将图例显示的数字变为整数。

图 2-7 透视图

习作 2-5 生成透视图

所需数据：dem，一个像元大小 25m 的高程栅格。

(1) 启动 ArcScene，添加 dem 到 Layer。右击 dem 图层，选择 Properties，打开 Layer Properties 对话框。

(2) 选择 Base Heights 选项，点击 Floating on a custom surface，点击确定。我们可以看出，dem 图层有了高低起伏，但不是很明显。

(3) 右击 Scene layers，选择 Scene Properties，打开 Scene Properties 对话框，在 General 栏下，将 Vertical Exaggeration 设置为 5，点击确定。这时 dem 图层的立体感非常强。

(4) 双击 dem 图层，打开 Layer Properties 对话框，选择 Symbology，将 Color Ramp 设置为绿色向红色渐变的彩色带，点击确定。

第三节 地形要素

地形是最基本的自然地理要素，地形因子是对地形及其某一方面特征的具体数字描述。DEM 所生成的主要地形因子有坡度(Slope)、坡向(Aspect)、平面曲率(Plan Curvature)、剖面曲率(Profile Curvature)等。其中坡度、坡向是 2 个最重要的地形因子，有助于土壤侵蚀、生物栖息地适宜性、选址分析等领域问题的解决(Lane et al,1998;Wilson et al,2000)。

1. 坡度

坡度作为最基本的地貌形态指标，是指地表面上一点的切平面与水平地面的夹角，坡度是地表位置上高度变化率的量度，它对地表物质能量迁移转换具有重要影响。地面坡度是对地面倾斜程度的定量描述，被广泛应用于土壤、土壤侵蚀、土地利用、植被立地条件调查和水土保持措施布设等。其计算公式表达如下：

$$\text{Slope} = \tan\sqrt{\text{Slope}_{WE}^2 + \text{Slope}_{SN}^2}$$

式中，Slope_{WE}^2 为 X 方向的坡度；Slope_{SN}^2 为 Y 方向的坡度。

坡度信息提取和分析方法通常有 3 种。一是利用测量仪器在野外进行实测；二是利用地形图，根据等高线间距离和相应的水平距离进行计算；三是利用 DEM，在 GIS 支持下利用专门的算法提取坡度(表面)。对于不同目的、不同空间尺度和精度的研究，坡度信息提取的方法有所不同。在坡面尺度进行土壤调查、土壤侵蚀调查、水土保持措施布设等，坡度等地形参数可以通过地面实测、大比例尺地形图(或高分辨率 DEM)量测来获取。坡度可表达为百分数或者度数。其中，百分数坡度表示垂直距离与水平距离之比率乘以 100，度数坡度是垂直距离与水平距离之比的反正切。图 2-8 为由 DEM 生成的坡度图，每个栅格对应一个坡度值，不同的颜色代表不同的坡度。

由于受到地图表现能力和统计分析能力的限制，坡度制图通常是对坡度级别的制图。往往这种制图存在两个缺陷：一是难以形成通用的、供多个专业使用的坡度分级系统，从而在空间结构和相应的统计数据方面可比性较低，坡度制图数据的共享应用受到了严重限制；二是坡度的制图不是针对坡度本身，而是坡度级别，表现为有限的几个值且不连续。

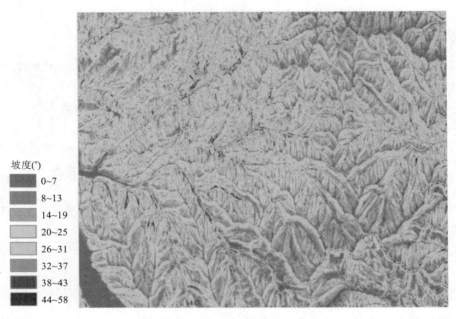

图 2-8 坡度图

习作 2-6　生成坡度图

所需数据：dem，一个像元大小 25m 的高程栅格。

（1）启动 ArcMap，添加 dem 到 Layer。确认 Tools 菜单下 Customize 和 Extensions 中的 3D Analyst 均已打钩。

（2）在菜单栏上打开 ArcToolbox，依次选择 3D Analyst Tools→Raster surface，双击 Slope，打开对话框，在 Input raster 下选择 dem，在 Output raster 中选择保存路径并命名为 slope，点击 OK。

（3）图层 slope 会被自动加载到 ArcMap，双击图层 slope，打开 Layer Properties 对话框，选择 Symbology 栏，修改 classes 对应的数值为 8。并点击 Classify，打开 Classify 对话框。

（4）在 Break Values 栏里，将前 7 个对应的 Break Values 修改为 7、13、19、25、31、37、43，点击 OK，回到 Layer Properties 对话框。

（5）在颜色分类指示框内，单击 Label 栏，选择 Format Labels，在 Rounding 框内，选择第一项 Number of decimal places，并修改为 0，点击 OK，点击确定。

2. 坡向

坡向用于识别表面上某一位置处的最陡下坡方向。可将坡向视为坡度方向或山体所面对的罗盘方向。坡向是斜坡方向的量度，地表面上一点切平面的法线在水平面的投影与该点正北方向的夹角。坡向的计算公式可表达如下：

$$\text{Aspect} = \text{Slope}_{SN} / \text{Slope}_{WE}$$

不同坡向之间温度或植被的差异往往是较大的，南坡或西南坡最暖和，而北坡或东北坡最寒冷，同一高度的极端温差竟达 3～4℃。在南坡森林上界比北坡高 100～200m。永久雪线的下限因地而异，在南坡可抬高 150～500m。东坡与西坡的温度差异在南坡与北坡之间。

　　坡向是针对 TIN 中的每个三角形和栅格中的每个像元进行计算的。坡向以度为单位按逆时针方向进行测量，角度范围介于 0°（正北）到 360°（仍是正北，循环一周）之间。坡向格网中各像元的值均表示该像元的坡度所面对的方向。平坡没有方向，平坡的值被指定为 －1。一般而言，将坡向分为 8 个方向，即 N(0°～22.5°、337.5°～360°)、NE(22.5°～67.5°)、E(67.5°～112.5°)、SE(112.5°～157.5°)、S(157.5°～202.5°)、SW(202.5°～247.5°)、W(247.5°～292.5°)、NW(292.5°～337.5°)。图 2-9 为 DEM 生成的坡向图。

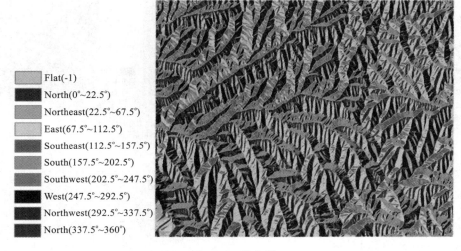

图 2-9　坡向图

习作 2-7　生成坡向图

　　所需数据：dem，一个像元大小 25m 的高程栅格。

　　(1)启动 ArcMap，添加 dem 到 Layer。确认 Tools 菜单下 Customize 和 Extensions 中的 3D Analyst 均已打钩。

　　(2)在菜单栏上打开 ArcToolbox，依次选择 3D Analyst Tools→Raster surface，双击 Aspect，打开对话框，在 Input raster 下选择 dem，在 Output raster 中选择保存路径并命名为 aspect，点击 OK。

　　(3)图层 Aspect 自动加载进来，不同颜色显示了不同坡向。

3. 表面曲率

　　表面曲率是对地表面每一点弯曲变化程度的表征，主要是为了反映某一个像元位置表面是向上凸还是向下凸。该值通过将该像元与 8 个相邻像元拟合而得。曲率是表面的二阶导数，或者可称之为坡度的坡度。像元曲率值为正表示向上凸，像元曲率值为负表示向下凸，像元曲率值为 0 表示该平面是平的。地面曲率主要有平面曲率、剖面曲率两种。平面曲率是等高线方向的变化率，是坡向变化的二次导数，也是对坡向再求坡度；剖面曲率是坡度最大方向上坡度变化率，是高程变化的二次导数，也是对坡度再求坡度，是确定地形和进行其他一系列地形分析的重要定量地形指标。

平面曲率反映的是地形的局部起伏情况,值为正说明该像元的表面向上凸,值为负说明该像元的表面开口朝上凹入,值为0说明表面是平的。剖面曲率反映的是地形的复杂程度,值为负说明该像元的表面向上凸,值为正说明该像元的表面开口朝上凹入,值为0说明表面是平的。某山区(平缓地貌)的全部三个输出栅格的合理期望值介于-0.5~0.5之间;如果山势较为陡峭崎岖(极端地貌),那么期望值介于-4~4之间。请注意,某些栅格表面可能会超过此范围(图2-10)。

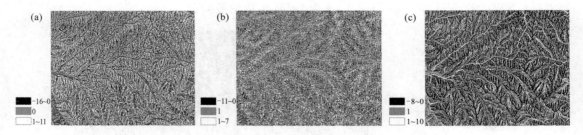

图2-10 不同曲率图
(a)表面曲率;(b)平面曲率;(c)剖面曲率

习作2-8 生成表面曲率图

所需数据:dem,一个像元大小25m的高程栅格。

(1)启动ArcMap,添加dem到Layer。确认Tools菜单下Customize和Extensions中的3D Analyst均已打钩。

(2)在菜单栏上打开ArcToolbox,依次选择3D Analyst Tools→Raster surface,双击Curvature,打开对话框,在Input raster下选择dem,在Output curvature raster中选择保存路径并命名为curvature,在Output profile curve raster (optional)中选择保存路径并命名为profile,在Output plan curve raster (optional)中选择保存路径并命名为plan,点击OK。图层curvature(表面曲率)、图层profile(剖面曲率)、图层plan(平面曲率)会自动加载进ArcMap中。

(3)双击curvature图层,打开Layer Properties对话框,点击Symbology栏,选择Classified,将Classes项改为3,点击Classify,将前两个Break Values修改为0、0,点击OK,回到Layer Properties对话框。由此,将表面曲率的值分为正值、零、负值三类。

(4)单击Color Ramp下方的Label栏,选择Format Labels,点击Number of decimal places,并修改对应的数值为0,点击OK。双击Range为0~11的Symbol方块,选中红色,点击确定。红色部分代表向上凸的部分,黑色代表向上凹的部分,灰色代表平地,由平面曲率图可以看出,该地区地形大部分向上凸。

(5)重复第(3)步和第(4)步,分别得到重新分类后的平面曲率图和剖面曲率图。

第四节 综合案例分析

实验 2-1 地形分析[①]

(一)实验目标

(1)掌握由高程点、等高线矢量数据生成 DEM 的实验步骤(步骤 1 到步骤 4)。
(2)掌握根据 DEM 计算坡度、坡向、表面曲率的实验步骤(步骤 5 到步骤 6)。
(3)掌握根据 DEM 生成等高线、地表阴影的实验步骤(步骤 7 到步骤 9)。
(4)掌握根据 DEM 进行通视性分析的实验步骤(步骤 10 到步骤 11)。

(二)实验数据

Boundary.shp——面文件,大理市洱海地区的边界范围。
contour.shp——线文件,洱海地区的等高线。
Erhai.shp——面文件,洱海湖的边界范围。
stations.shp——点文件,移动基站。

(三)实验步骤

1. 数据加载

在 ArcMap 中新建一个地图文档,单击菜单栏"标准工具条"中的"Add Data" ,弹出对话框,点击"连接至文件夹" ,选择需要加载数据的路径,并添加 Boundary.shp、contour.shp、Erhai.shp(同时选中:在点击的同时按住 Shift),如图 2-11、图 2-12 所示。

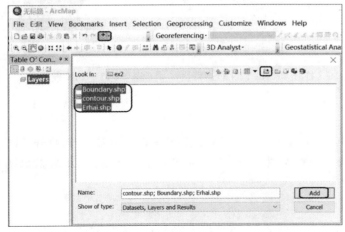
图 2-11 数据添加对话框

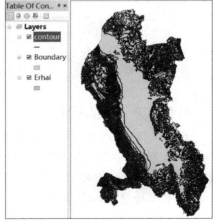
图 2-12 数据显示

---

①该实验数据及思考参考内容见网址 http://jingyan.baidu.com/article/64d05a02752b00de55f73b91.html。

2. 打开 3D Analyst 工具栏

在菜单栏上点击 Customize→Extensions,勾选 3D Analyst 扩展模块,接着在工具栏空白区域右击打开 3D Analyst 工具栏,如图 2-13、图 2-14 所示。

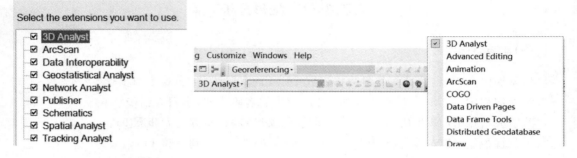

图 2-13　激活扩展模块　　　　图 2-14　打开 3D Analyst 工具栏

3. 生成 TIN

打开 ArcToolbox 工具箱,执行命令 3D Analyst→Data Management→TIN→Create TIN,打开 Create TIN 对话框,并完成相关设置,操作步骤如图 2-15、图 2-16 所示。生成的 TIN 效果图如图 2-17 所示。注意:Input Features 加载 Boundary.shp 是为了限定生成 TIN 的范围。

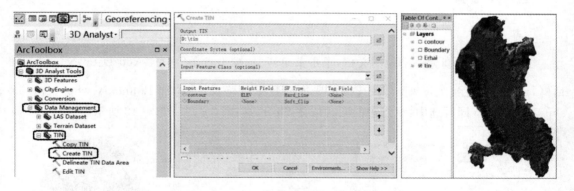

图 2-15　打开工具箱　　　图 2-16　打开 Create TIN 对话框　　　图 2-17　TIN 效果图

4. 将 TIN 生成 DEM

在 ArcToolbox 中,执行 3D Analyst→Conversion→From TIN→TIN to Raster,打开 TIN to Raster 对话框,并完成相关设置,操作步骤如图 2-18、图 2-19 所示。生成的 DEM 效果图如图 2-20 所示。由此完成实验目标 1。

5. 生成坡度、坡向、曲率

DEM 文件是进行地形分析的重要基础文件之一,可根据 DEM 文件进行坡度、坡向、平面曲率、剖面曲率等分析,请根据习作 2-6、习作 2-7、习作 2-8 进行操作,生成洱海地区的坡度图、坡向图、平面曲率图和剖面曲率图,结果如图 2-21(a)、(b)、(c)、(d)所示。

第二章　GIS在城市地形和水文分析中的应用实验

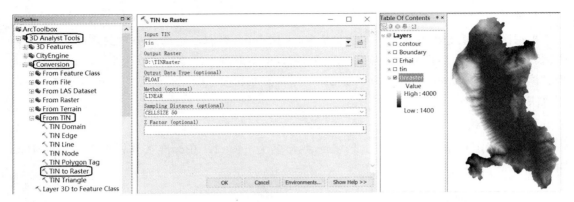

图2-18　打开工具箱　　　图2-19　打开 TIN to Raster 对话框　　　图2-20　DEM效果图

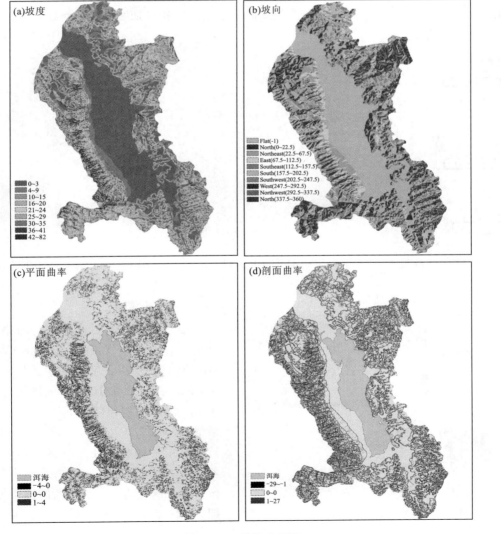

图2-21　地形分析图

6. 地势分析

根据图2-21分析洱海地区的地势情况,可以看出,洱海西边的地势更加陡峭和复杂,西边的坡向主要为向东,而东边的坡向主要为向西,整个洱海地区地形主要为平地和向上凸的地势。读者可利用raster calculator计算出向上凸、平地和向上凹三类地形的面积百分比。由此完成实验目标2。

7. 数据加载

在菜单栏上点击Insert→Data Frame,并命名为Task2。在标准工具栏上点击Add Data ,加入由步骤3生成的tinraster。

8. 生成地表阴影

在标准工具栏上点击ArcToolbox ,依次点击3D Analyst Tools→Raster Surface→Hillshade,如图2-22所示。按照图2-23进行相关设置,得到如图2-24的效果图。完成山体阴影图的生成。

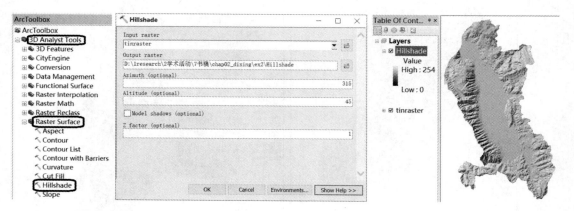

图2-22 打开工具箱　　　图2-23 Hillshade窗口　　　图2-24 生成的Hillshade效果图

9. DEM渲染

接下来对山体阴影图进行渲染,以更突出立体效果。关闭除tinraster图层和Hillshade图层以外所有图层的显示,并将tinraster图层放在Hillshade图层之上,双击tinraster图层,打开Layer Properties对话框,按照图2-25所示设置Symbology选项页中的颜色。在工具栏空白处右击,勾选Effects,如图2-26所示。将Transparentcy调整为45%,得到的渲染效果如图2-27所示。由此完成实验目标3。

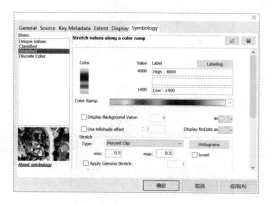

图2-25 设置颜色

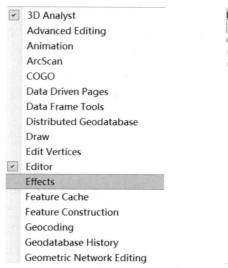

图 2-26 打开 Effects 工具栏　　　　图 2-27 渲染效果图

10. 通视性分析

在上一步分析结果的基础上，打开 3D Analyst 工具栏，从工具栏选择 Create Line of Sight(创建通视线)工具，如图 2-28 所示。在地图上点击观察点和目标点，在出现的对话框中输入 Observer offset(观察者偏移量)和 Target offset(目标偏移量)，即距地面的距离，如图 2-29 所示。地图上现实区中观察点沿不同方向绘制多条直线，可以得到观察点到不同目标点的通视性，其中，红色线段表示不可见部分，绿色线段表示可视的部分。

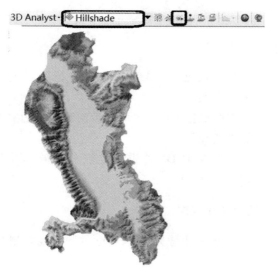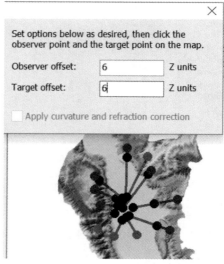

图 2-28 创建通视线工具栏　　　　图 2-29 设置通视分析参数

11. 可视区分析

在上一步基础上,继续深入可视区分析,并以移动发射基站信号覆盖为例。在 Table of Contents(内容列表)中关闭除了 tinraster 之外的所有图层,加载 stations.shp 图层。打开 ArcToolbox,依次选择 3D Analyst Tools→Visibility→Viewshed(视域),如图 2-30 所示。按照图 2-31 所示进行设置,生成的视域效果图如图 2-32 所示。图中绿色部分代表现有发射基站信号已覆盖的区域,淡红色代表无法接收到手机信号的区域。

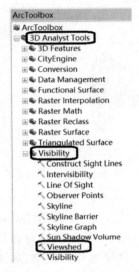

图 2-30 可视分析工具箱

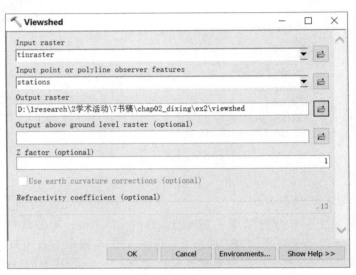

图 2-31 可视分析对话框

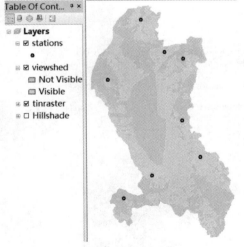

图 2-32 视域分析效果图

实验 2-2 水文分析

(一)实验目标

(1)掌握根据 DEM 进行流向分析的实验步骤(步骤 1 到步骤 3)。

(2)掌握根据 DEM 提取矢量河流网络的实验步骤(步骤 4 到步骤 7)。

(3)掌握根据 DEM 进行盆域分析的实验步骤(步骤 8 到步骤 9)。

(二)实验数据

dem——一个像元大小 25m 的数字高程栅格。

(三)实验步骤

1. 数据加载

在 ArcMap 中新建一个地图文档,单击菜单栏"标准工具条"中的"Add Data",弹出对话框,点击"连接至文件夹" ,选择需要加载数据的路径,并添加 dem。

2. 洼地填充

确保将菜单栏 Customize→Extensions 中的 Spatial Analyst 模块勾选上。打开 ArcToolbox 工具箱,执行命令 Spatial Analyst Tools→Hydrology→Fill(填注),打开 Fill 对话框,并完成相关设置,操作步骤如图 2-33 所示,点击 OK。生成的无洼地 DEM 数据 fill_dem,如图 2-34 所示。

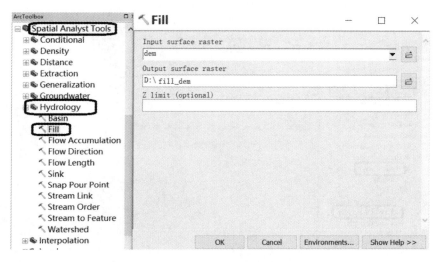

图 2-33 填注操作步骤

图 2-34 填注效果图

解析:洼地填充是为了在栅格数据表面填充洼地以去除数据的小瑕疵。DEM 被认为是比较光滑的地形表面模拟,但由于内插原因以及一些真实地形的存在,使得 DEM 表面存在着一些凹陷的区域,在进行地表水流模拟时,由于低高程的存在,使得在进行水流流向计算时该区域得不到合理的或正确的水流方向。因此,在进行水流方向计算之前,应该对 DEM 数据进行洼地填充,得到无洼地的 DEM。

3. *流向分析*

在上一步基础上,打开 ArcToolbox 工具箱,执行命令 Spatial Analyst Tools→Hydrology→Flow Direction(流向),打开 Fill 对话框,并完成相关设置,操作步骤如图 2-35 所示,点击 OK。FlowDir_fill 图层自动加载,双击该图层打开 Layer Properties 对话框,点击 Symbology 选项卡,选择 Unique Values,点击确定,关闭对话框,流向栅格图如图 2-36 所示。请读者思考如何解释这幅流向栅格图,什么方位的流向占主导?

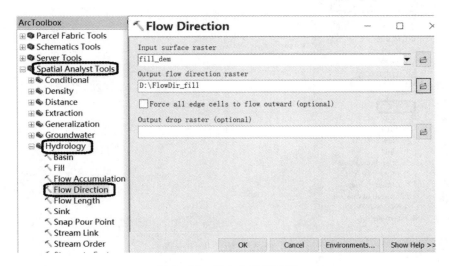

图 2-35　流向分析对话框

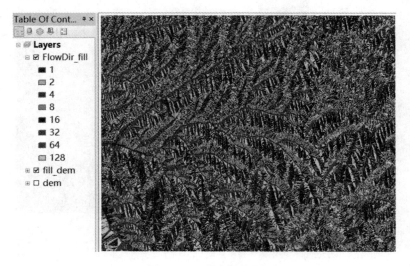

图 2-36　流向栅格图

解析: 流向分析中,以数值表示每个单元的流向,数字变化范围是 1～255。其中:1 表示东,2 表示东南,4 表示南,8 表示西南,16 表示西,32 表示西北,64 表示北,128 表示东北。除上述值以外的其他值表示流向不确定，这是由 DEM 中的洼地和平地现象所造成的。因此，在进行流向分析前必须要进行填洼处理。

4. 计算汇流累积量

打开 ArcToolbox 工具箱，执行命令 Spatial Analyst Tools→Hydrology→Flow Accumulation（汇流累积），打开 Flow Accumulation 对话框，并完成相关设置，操作步骤如图 2-37 所示，点击 OK。生成的汇流累积栅格图 flowacc 如图 2-38 所示。

解析：在地表径流模拟过程中，流水累积量是基于水流方向数据计算而来的。对每个栅格来说，其流水累积量的大小代表着其上游有多少个栅格的水流方向最终汇流经过该栅格，汇流累积的数值越大，该区域越易形成地表径流。

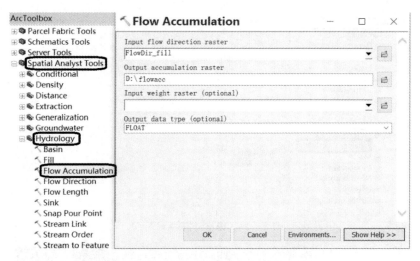

图 2-37 汇流累积分析对话框

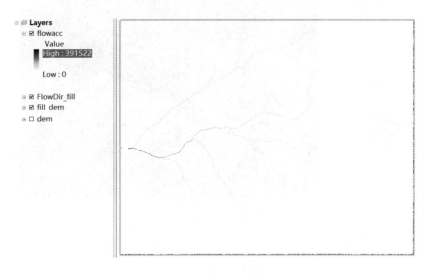

图 2-38 汇流累积量栅格图

5. 提取河流网络栅格

打开 ArcToolbox 工具箱，执行命令 Spatial Analyst Tools→Map Algebra→Raster Calculator(栅格计算器)，打开 Raster Calculator 对话框(图 2-39)，在 Map Algebra expression (地图代数表达式)中输入公式：Con("flowacc" > 800,1)(注意此处 Con,第一个字母为大写)，在 Output raster 中选择保存路径并命名为 streamnet。

解析：地图代数表达式的含义为汇流累积量栅格 flowacc 中栅格单元值(汇流累积量)大于 800 的栅格赋值为 1,否则为 0,从而得到河流网络栅格 streamnet(图 2-40)。

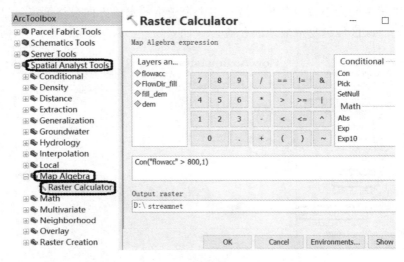

图 2-39 栅格计算器对话框

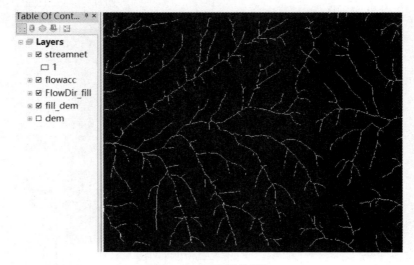

图 2-40 河流网络栅格

6. 提取河流网络矢量数据

打开 ArcToolbox 工具箱，执行命令 Spatial Analyst Tools→Hydrology→Stream to Feature(栅格河网矢量化)，打开 Stream to Feature 对话框，并完成相关设置，如图 2-41 所示，点

击 OK。生成的河流网络矢量数据 streamvec，如图 2-42 所示。

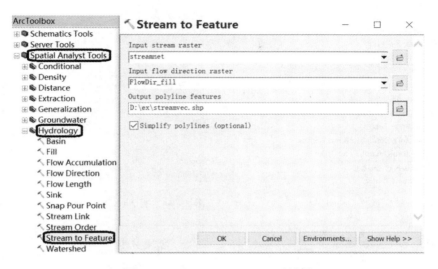

图 2-41 Stream to Feature 对话框

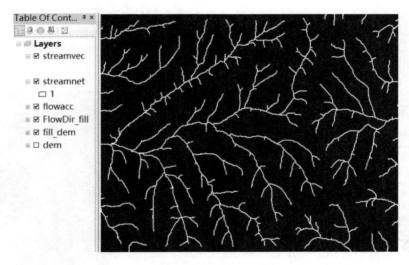

图 2-42 河流网络矢量数据

7. 河流网络平滑处理

点击工具栏上 Editor(编辑器)→Start Editing(开始编辑)，确保目标图层为 streamvec，右击图层 streamvec，选择 Open Attribute Table，在 Table Options 下拉栏中选择 Select All，如图 2-43 所示。在 Editor 下拉栏中选择 More Editing Tools→Advanced Editing(高级编辑) (图 2-44)，打开 Advanced Editing 工具条，在 Maximum allowable offset(允许最大偏移)中输入 4，点击 OK(图 2-45)，得到平滑后的河流网络矢量数据。在 Editor 下拉栏中选择 Save Edits→Stop Editing，保存所做的修改。

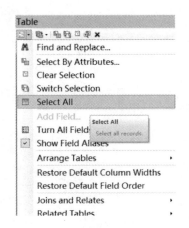

图 2-43 选择 Select All

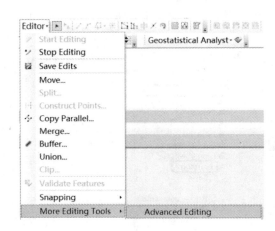

图 2-44 打开 Advanced Editing 工具条

图 2-45 Smooth 对话框

8. 盆域分析

用于划分出研究区所有的流域盆地。打开 ArcToolbox 工具箱,执行命令 Spatial Analyst Tools→Hydrology→Basin(盆域分析),打开 Basin 对话框,并完成相关设置,如图 2-46 所示,点击 OK。生成的盆域分析结果 basin,如图 2-47 所示。

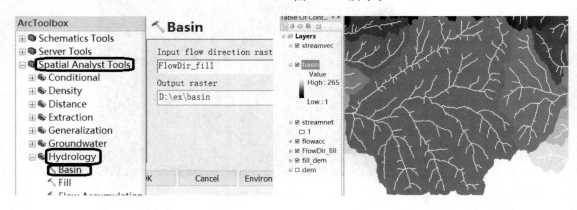

图 2-46 盆域分析对话框　　　　图 2-47 盆域分析结果图

解析:流域盆地是由分水岭分割而成的汇水区域。它通过对水流方向数据的分析确定出所有相互连接并处于同一流域盆地的栅格。流域盆地的确定首先是要确定分析窗口边缘的出水口的位置,换言之,在进行流域盆地划分中,所有流域盆地的出水口均处于分析窗口的边缘。当确定了出水口的位置后,其流域盆地集水区的确定就是找出所有流域出水口的上游栅格的位置。

9. 流域栅格矢量化

打开 ArcToolbox 工具箱,执行命令 Conversion Tools→From Raster→Raster to Polygon

（栅格转面），打开 Raster to Polygon 对话框，并完成相关设置，如图 2-48 所示，点击 OK。根据生成的结果图 basinvec(图 2-49)，请读者分析一共有多少流域盆地？

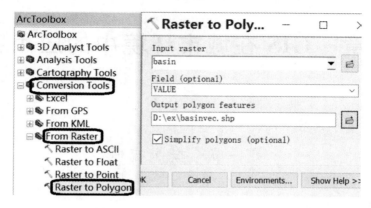

图 2-48　Raster to Polygon 对话框

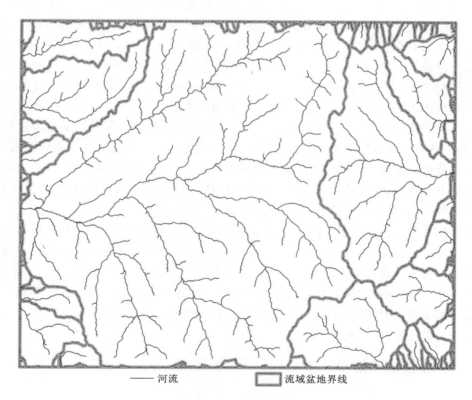

图 2-49　水文分析

第三章 GIS 在城市环境中的应用实验

第一节 概念梳理

一、空间插值的概念

在现实生活中,由于观测站点分布或者观测点位置原因,不可能得到任何空间地点的数据,但是这些点周围区域内点的数据容易观测得到,可以利用插值的方法由那些已知点的数据来估算未知点的数据,以方便我们了解整个区域内的某个属性变量的整个空间分布情况,这种方法就是空间插值过程(Robinson et al,1995)。空间插值是指通过探寻收集到的样本点数据的规律,外推到整个研究区域面数据的方法,即根据已知区域的数据来求估算其他区域的数值。空间插值方法的实质是通过已知点数据来预测未知点数据,其依据的是空间点群之间的相关性,同时在方法上要运用到数学模型和误差目标函数。空间插值的结果是通过估算其他地点的数值,从而将点数据转换为面数据,以便面数据能够用三维表面或等值线地图显示,最终进行空间分析和建模。空间插值法的一般步骤是首先获取空间样本点数据;其次分析空间样本数据的分布特性、统计特性和空间相关性等特征;然后根据对数据了解的相关信息,选择最适宜的插值方法;最后对插值结果进行分析说明。

空间插值法常应用于气象预测领域(林忠辉等,2002;何红艳等,2005;封志明等,2004;刘登伟等,2012)。例如,在一个没有气温记录的地点,其气温可通过对附近气象站已记录的气温数值插值估算得来。这种方法目前已成为气象研究的热点之一,林忠辉等(2002)以全国 725 个气象站 1951—1990 年整编资料中的旬平均气温和计算而来的 675 站的月平均光合有效辐射日总量为数据源,比较分析了距离平方反比法、梯度距离平方反比法和普通克里金法 3 种方法在对温度插值方面的实用性。

二、空间插值的元素和分类

1. 空间插值的元素

已知点又称控制点,是指已经知道其数据的样本点。已知点是现实存在的点,如气象站点。空间数据插值方法的基本原理是基于空间相关性进行的,即空间位置上越靠近则事物或现象就越相似,空间位置越远则越相异或者越不相关,体现了事物或现象对空间位置的依赖关系。因此控制点的数目和分布对空间插值精度具有重要的影响,控制点分布越合理,数据插值的结果就会越接近现实。

2.空间插值的类型

按照估算的控制点数目的不同,空间插值主要分为两种类型:全局插值法和局部插值法。两者主要是以估算的控制点的数目来进行区分。全局插值法是利用所有已知点来估算未知点的值;局部插值法则是用未知点周围已知的样本点来估算未知点的值。全局插值法用于估算表面的总趋势,而局部插值法用于估算局部或短程变化。在许多情况下,局部插值法比全局插值法更有效,因为在对未知点进行估算时,远处的点对估算的影响很小,有时甚至会使估算值失算。从计算量上看,局部插值法要比全局插值法容易得多。在实际应用中,对于以上两种方法如何进行选择,并没有统一的规律可循。如果观测点主要受到周围点的影响,则可以选择局部插值法。全局插值法主要包括趋势面插值法和回归模型分析法(图3-1);局部插值法主要包括反距离加权法、薄片样条插值法以及克里金插值法。

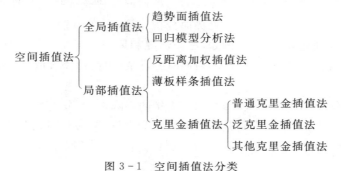

图3-1 空间插值法分类

按照是否提供预测值的误差检验可分为确定性插值法和随机性插值法。确定性插值法是不提供预测值的误差检验,随机性插值法则考虑提供预测值的误差检验。空间插值法还可分为精确和非精确插值法,精确插值法是对某个已知点的估算值与该点已知值相同;非精确插值法,又叫近似插值,估算的点值与已知点不同。

第二节 全局插值法

一、趋势面插值法

趋势面方法是一种全局插值法,也是一种非精确插值方法。它先根据有限的空间已知点拟合出一个平滑的点空间分布曲面函数,再由此函数来推算未知点的数值。趋势面方法类似于回归模型的最小二乘法,利用所有已知点的观测值来估算未知点的数值。在概念上,趋势插值法类似于取一张纸将其插入各凸起点之间(凸起到一定高度),平整的纸张无法完全覆盖包含山谷的地表,但如果将纸张略微弯曲,覆盖效果将会好得多。为数学公式添加一个项也可以达到类似的效果,即平面的弯曲。平面(纸张无弯曲)是一个一阶多项式(线性),二阶多项式(二次)允许一次弯曲,三阶多项式(三次)允许两次弯曲,以此类推。

趋势面插值法主要分为两种类型:线性和逻辑型。线性趋势面插值法用于创建浮点型栅格,主要利用多项式回归对观测表面进行拟合,可根据拟合表面情况选择多项式阶数。逻辑型主要适用于预测空间中给定的一组位置处某种现象存在与否,其结果只是存在两种可能(存在或者不存在)的分类变量,可将生成的两种结果编码为1或者0,从而创建连续的概率格网。这种形式可使用最大可能性估计直接计算出非线性概率表面模型,而无需将该模型转换成线性形式。

线性趋势面多项式可以是一阶的,也可以是高阶的。在实际应用中,通常情况下需要更高阶的趋势面回归方程来模拟趋势面。高阶模型可用于描述复杂表面,如遇到山和谷则会用到三阶趋势面回归方程,从而能得到较高的拟合优度。一阶趋势面回归方程适用于一个光滑平面,二阶趋势面回归方程适用于有一处折叠的表面,三阶趋势面回归方程适用于有两处折叠的表面,以此类推。ArcGIS中最高提供了12阶的趋势面模型,趋势面回归方程的阶数越高,则计算的变量就会越大。

趋势面插值法主要适用于以下几个方面。第一,感兴趣区域的表面在各位置间出现渐变时,可将该表面与采样点拟合,例如,工业区的污染情况。检查或排除长期趋势或全局趋势的影响。此类情况下,采用的方法通常为趋势面分析。第二,在趋势插值法中,将通过可描述物理过程的低阶多项式创建渐变表面,例如,污染情况和风向。但使用的多项式越复杂,为其赋予物理意义就越困难。此外,计算得出的表面对异常值(极高值和极低值)非常敏感,尤其是在表面的边缘处。

图3-2中,已知全国181个气象站台2011年的年降水量,分别采用一阶线性趋势面和四阶线性趋势面进行空间插值,以得到其他地区的年降水量,结果分别如图3-2(a)和(b)所示。对比RMS误差,四阶线性趋势面插值比一阶线性趋势面插值拟合度好。

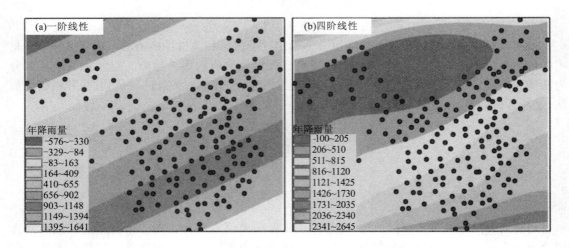

图3-2 趋势面插值

习作3-1　趋势面插值

所需数据:Meteo_stations.shp,此数据为全国181个气象站点2011年的年降水量。

(1)启动ArcMap,添加Meteo_stations.shp到Layer,确认Tools菜单下Customize和Extensions中的Geostatistical Analyst和Spatial Analyst均已打钩。

(2)点击 Geostatistical Analyst 下拉菜单,指向 Explore Data,选择 Trend Analysis。在 Trend Analysis 对话框的底部,点击下拉菜单,选择 Meteo_stations 为输入图层,年降水量作为输入属性。

(3)将 Trend Analysis 对话框最大化。3-D 图显示了两个趋势:YZ 面上,一个为从北向南升高的趋势;XZ 面上,呈现出先从西向东的上升,再渐渐下降的趋势;南北向的变化比东西向的变化强烈许多,说明中国降水量格局从北向南升高。关闭对话框。

(4)在菜单栏上打开 ArcToolbox,依次选择 Spatial Analyst Tools→Interpolation,双击 Trend,打开对话框,在 Input point features 下选择 Meteo_stations,在 Z value field 选择年降水量,在 Output raster 里选择保存路径并命名为 trend,在 Polynomial order 输入 1 或其他(为趋势面的阶数),在 Output RMS file 选择保存路径并命名为 trend.txt。点击 OK。

(5)比较不同阶数趋势面插值的 RMS 文件,以确定趋势面插值的阶数。

二、回归模型法

回归模型通常是用线性回归法来研究一个因变量和多个自变量之间的关系。这里我们主要介绍最简单的回归模型——线性回归模型。线性回归模型和统计学上的线性回归类似,把已知点作为自变量,未知点作为因变量,从而由已知点数据来预测未知点数据。线性回归模型方程为 $y=a+b_1x_1+b_2x_2+\cdots+b_nx_i$。式中,$y$ 是因变量,x_i 是自变量,$b_1,b_2,\cdots,b_n$ 是回归系数。回归模型既可以用空间变量,也可以用属性变量进行预测。

第三节　局部插值法

局部插值法是用一组已知点样本来估算未知点,因此样本点选取至关重要。样本点的选取首先要确定已知点的个数。一般认为已知点越多,估算的结果越精确,但更重要的是决定于已知点与未知点的分布关系、空间自相关程度以及数据质量等问题,在 ArcGIS 软件中用户可以对已知点个数进行设置。确定了已知点个数之后,就要对已知点进行选择。选择已知点的方法主要有三种:第一种方法是选取最邻近的已知点作为已知点;第二种方法是用一定的半径范围来进行选择;第三种方法是把平面划分为四分象限或者八分象限,然后在每个象限内选择已知点。

一、反距离加权插值法

反距离加权插值法(Inverse Distance Weighted,IDW)是以预测值区域内已知的样本点来预测区域内未知点的数值,主要方法是以未知点与样本点的距离为权重进行加权平均,离未知点越近的样本点赋予的权重越大(薛树强等,2013;Mesnard,2013)。因此,反距离加权插值法有一个重要的特征就是所有预测值都是介于已知的最大值和最小值之间,其权重是按距离的幂次衰减。反距离加权插值法是一种比较简便的空间插值方法,其依据的理论基础正是 Tobler 第一地理定律:所有事物彼此相关,距离越近关系越强。

反距离加权插值法通常所用的计算公式为:

$$\hat{Z}(s_0) = \sum^i \gamma_i Z(s_i)$$

其中,$\hat{Z}(s_0)$ 为预测点 s_0 的预测值,n 为所确定的未知点周围已知点的个数。γ_i 为预测计算中各样本点的权重,其随着样本点与预测点之间距离的增加而减少。$Z(s_i)$ 为 s_i 处的测量值。其中确定权重 γ_i 的计算公式为:

$$\gamma_i = \frac{1}{d_i^k} \bigg/ \sum_{i=1}^n \frac{1}{d_i^k}$$

其中,d_i^k 是已知点到插值点之间的距离,k 为确定的幂,幂值 k 控制了已知点的影响程度。若 $k=1$,则说明点与点之间的变化率为恒定不变的,即属于线性插值的情况;若 $k \geqslant 2$,则意味着越靠近已知点,数值的变化率越大,远离已知点时,则趋于平稳。这说明距离的幂次越高,局部作用越强。幂参数是一个正实数,默认值为 2,一般在 0.5~3 之间取值。随着幂值的增大,内插值将逐渐接近最近采样点的值。指定较小的幂值,将对距离较远的周围点产生更大影响,会产生更加平滑的表面。由于反距离权重公式与任何实际物理过程都不关联,因此无法确定特定幂值是否过大。作为常规准则,认为值为 30 的幂是超大幂,因此不建议使用。此外还需牢记一点,如果距离或幂值较大,则可能生成错误结果。

反距离加权插值法通过对邻近区域的每个采样点值平均运算获得内插单元值,它要求离散点均匀分布,并且其密集程度能够反映局部表面变化。在使用反距离加权插值法对未知点进行预测的过程中,不仅幂次数具有重要影响,同时对未知点周围已知点的选择也很重要,因为已知点对未知点的权重具有方向性的影响。如果周围点对预测点的影响在各个方向上相同,则可以设定圆形区域来选择已知点;如果周围点对预测点的影响存在方向性,就要在合适区域来选择已知点。

图 3-3 为依据 IDW 插值方法得出的全国年降水量空间分布图,详细操作步骤见习作 3-2。

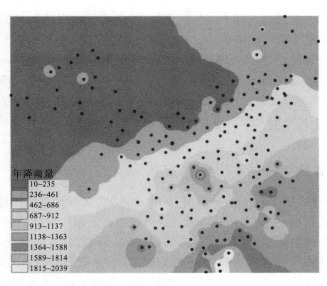

图 3-3　IDW 插值($k=2$)

习作 3-2　反距离加权插值

所需数据:Meteo_stations.shp。

(1)启动 ArcMap,添加 Meteo_stations.shp 到 Layer,确认 Tools 菜单下 Customize 和 Extensions 中的 Spatial Analyst 均已打钩。

(2)在菜单栏上打开 ArcToolbox,依次选择 Spatial Analyst Tools→Interpolation,双击 IDW,打开对话框,在 Input point features 下选择 Meteo_stations,在 Z value field 选择年降水量,在 Output raster 里选择保存路径并命名为 IDW,在 Power(optional)处默认为 2,点击 OK。

(3)可修改 Search radius 下的 Number of points 和 Maximum distance,比较不同搜索半径设置下年降水量的空间分布。

二、薄板样条函数插值法(径向基插值法)

薄板样条函数(Thin-plate Splines)插值法是指通过拟合得到一个曲面,且所生成的拟合曲面具有最小曲率。薄板样条函数将插值问题模拟为一个薄金属板在点约束下的弯曲变形,用简练的代数式表示变形的能量,基于点的非线性变换方法,用于离散点数据插值得到曲面的一种工具。此方法最适合生成平缓变化的表面,例如高程、地下水位高度或污染程度。

薄板样条函数插值法在内插法的基础上增加了以下两个条件:一是表面必须恰好经过数据点;二是表面必须具有最小曲率。它确保表面平滑(连续且可微分),一阶导数表面连续。薄板样条函数有两种样条函数方法(Mitášová et al,1993):规则样条函数方法和张力样条函数方法。规则样条函数方法使用可能位于样本数据范围之外的值来创建渐变的平滑表面;张力样条函数方法根据建模现象的特性来控制表面的硬度,它使用受样本数据范围约束更为严格的值来创建不太平滑的表面。

薄板样条函数是径向基函数中的一种,径向基函数是插值法中的一个大类,径向基函数插值法适用于对大量点数据进行插值计算从而得到平滑曲面,同时适用于平缓变化的表面,如果表面变化幅度较大,则不适合采用径向基函数插值法。

图 3-4 为依据薄板样条函数插值方法得出的全国降水量空间分布图,详细操作步骤见习作 3-3。

习作 3-3　薄板样条函数插值

所需数据:Meteo_stations.shp。

(1)启动 ArcMap,添加 Meteo_stations.shp 到 Layer,确认 Tools 菜单下 Customize 和 Extensions 中的 Spatial Analyst 均已打钩。

(2)在菜单栏上打开 ArcToolbox,依次选择 Spatial Analyst Tools→Interpolation,双击 Spline,打开对话框,在 Input point features 下选择 Meteo_stations,在 Z value field 选择年降水量,在 Output raster 里选择保存路径并命名为 Spline_re,在 Spline type(optional)处选择 REGULARIZED,其他选择默认值,点击 OK。结果如图 3-4(a)所示。

(3)在菜单栏上点击 Geoprocessing - Results,双击 Spline,弹出 Spline 对话框,在

> Output raster 里选择保存路径并命名为 Spline_te，在 Spline type(optional)处选择 TENSION，其他选择默认值，点击 OK。结果如图 3-4(b)所示。

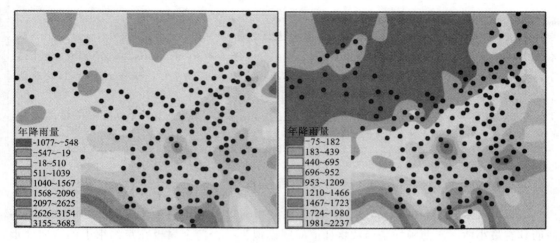

图 3-4 薄板样条函数插值
(a)规则样条函数；(b)张力样条函数

三、克里金插值法

反距离加权插值法和薄板样条函数插值工具被称为确定性插值方法，因为这些方法直接基于周围的测量值或确定生成表面的平滑度的指定数学公式。第二类插值方法由地统计方法（如克里金法）组成，该方法基于包含空间自相关（即测量点之间的统计关系）的统计模型(Oliver et al,1990;Royle et al,1981;李俊晓等,2013)。因此，地统计方法不仅具有产生预测表面的功能，而且能够对预测的确定性或准确性提供某种度量。

克里金插值(Kriging)是以变异函数理论和结构分析为基础，在有限区域内对区域化变量进行无偏最优估计的一种方法，是地统计学的主要内容之一。南非矿产工程师 Krige D R(1951)在寻找金矿时首次运用这种方法，法国著名统计学家 Matheron G 随后将该方法理论化、系统化，并命名为 Kriging，即克里金法。克里金法广泛地应用于地下水模拟、土壤制图等领域，是一种很有用的地质统计格网化方法。

克里金法假定采样点之间的距离或方向可以用于说明表面变化的空间相关性。克里金法工具可将数学函数与指定数量的点或指定半径内的所有点进行拟合以确定每个位置的输出值。克里金法是一个多步过程，它包括数据的探索性统计分析、变异函数建模和创建表面，还包括研究方差。它首先考虑的是空间属性在空间位置上的变异分布，确定对一个待插点值有影响的距离范围，然后用此范围内的采样点来估计待插点的属性值。

由于克里金法可对周围的测量值进行加权以得出未测量位置的预测，因此它与反距离加权插值法类似。这两种插值法的常用公式均由数据的加权总和组成：

$$\hat{Z}(s_0) = \sum_i \gamma_i Z(s_i)$$

在反距离加权插值法中，权重 γ_i 仅取决于预测位置的距离。但是，使用克里金方法时，权重不仅取决于测量点之间的距离、预测位置,还取决于基于测量点的整体空间排列。要在权重中使用空间排列,必须量化空间自相关。因此,在普通克里金法中,权重 γ_i 取决于测量点、预测位置的距离和预测位置周围的测量值之间空间关系的拟合模型。

按照空间场是否存在漂移(Drift)可将克里金插值分为普通克里金(Ordinary Kriging)和泛克里金(Universal Kriging)。普通克里金法是最普通和广泛使用的克里金方法,是一种默认方法。该方法假定恒定且未知的平均值。如果不能拿出科学根据进行反驳,这就是一个合理假设。泛克里金法假定数据中存在覆盖趋势,例如,可以通过确定性函数(多项式)建模确定盛行风。该多项式会从原始测量点扣除,自相关会通过随机误差建模。通过随机误差拟合模型后,在进行预测前,多项式会被添加回预测以得出有意义的结果。一般而言,确定数据中存在某种趋势并能够提供科学判断描述泛克里金法时,才可使用该方法。

1. 普通克里金

假设不存在漂移,普通克里金法则重点考虑空间相关的因素,并用拟合的半变异直接进行插值。估算某测量点 Z 值所用到的权重 γ_i 不仅与估算点和已知点之间的半变异有关,还与已知点之间的半变异有关。因此,克里金插值法是和反距离加权插值法有区别的,后者只用已知点和估算点估算权重。克里金法和其他局部拟合法的另一重要区别是,克里金法对每个估算点都进行变异量算,用于说明估算值的可靠性。

图 3-5 为依据协同克里金插值方法得出的全国年降水量空间分布图,详细操作步骤见习作 3-4。

习作 3-4 普通克里金插值

所需数据:Meteo_stations.shp,province.shp。

(1)启动 ArcMap,添加 Meteo_stations.shp 和 province.shp 到 Layer,确认 Tools 菜单下 Customize 和 Extensions 中的 Spatial Analyst 均已打钩。

(2)首先,对半变异云图作数据探查。点击 Geostatistical Analyst 下拉菜单,点击 Explore Data,选择 Semivariogram/Covariance Cloud。选择 Meteo_stations 为图层,年降水量为其属性。Lag Size 为 500 000m,Number of Lags 为 10,观察半变异云图中所有的控制点对。用鼠标拖曳云图最右边某个点周围的一个矩形框,查看 ArcMap 窗口中的 Meteo_stations。高亮显示的控制点对是由该图层中相距最远的两个控制点组成。半变异图显示了空间相关数据的分布模式:随着距离增大,半变异迅速上升,直至 375 000m,而后缓慢下降。

(3)为观察半变异的方向效应,选中复选框 Show search direction,可以输入角度方向或用图中的方向控制按钮,改变搜索方向。拖拽方向控制按钮,按逆时针方向从 0°~180°拉动方向控制按钮,在不同的特定角度上停止拖动,观察半变异图。我们发现从正北 0°到正东 90°半变异下降,从正东 90°到西南 210°半变异增加,说明半变异具有方向效应。关闭 Semivariance/Covariance Cloud 窗口,清除已选择的要素。

(4)经过统计检验,气象站点的年降水量与高程显著相关,为了能考虑高程的因素,选择协同克里金插值。从 Geostatistical Analyst 菜单中选择 Geostatistical Wizard。在方法框中点击 Kriging/CoKriging,在 Dataset 栏下选择 Meteo_stations 和年降水量作为输入数据和属性数据。在 Dataset 2 栏下选择 Meteo_stations 和海拔高度作为输入数据和属性数据。点击 Next。

(5) 由经验知我国的年降水量由东南往西北递减,选择 Ordinary/Prediction,在 Order of trend removal 中选择 First,以剔除降水分布的趋势分布(一次),点击 Next。

(6) 在 Step 3 面板中,显示了年降水量分布的趋势(一次趋势面),点击 Next。

(7) 在 Step 4 面板中,将 Number of Lags 修改为 24,点击 Next。

(8) 在 Step 5 面板中,将 Sector type 修改为 4 Sectors,点击 Next。

(9) Step 6 的面板显示了交叉验证的结果。图表框提供了四种类型的散点图(预测值与测量值、误差与测量值、标准差与测量值、标准差对正常值的 QQ 图)。Prediction Errors 框列出了包括 RMS(均方根误差)在内的交叉验证统计值。其中,插值误差为 0.78,RMS 为 165.01,平均标准误差为 157.10,标准 RMS 为 1.05。点击 Finish 完成插值。

(10) CoKriging 图层自动加载进来,双击打开 Layer Properties,点击 Extent 选项卡,将 Set the extent to 设置为 the rectangular extent of province,点击确定。

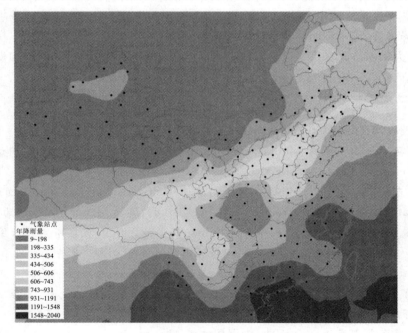

图 3-5 协同克里金插值

2. 泛克里金

泛克里金是假设除了样本点之间的空间相关性外,空间变量的 z 值还受到漂移或倾向等影响。一般而言,泛克里金法通常用到一阶(平面曲面)或二阶(二维曲面)多项式。通常不用高阶多项式的原因有两个:一是高阶多项式在残差中会留下少量变异,造成结果不确定性;二是高阶多项式意味着待估算的系数很多,导致方程求解复杂。

图 3-6 为依据泛克里金插值方法得出的全国年降水量空间分布图,详细操作步骤见习作 3-6。

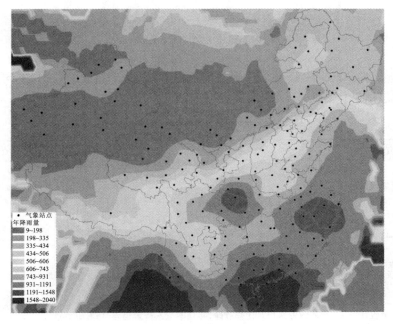

图 3-6 泛克里金插值

习作 3-5　泛克里金插值

所需数据：Meteo_stations.shp，province.shp。

(1)启动 ArcMap，添加 Meteo_stations.shp 和 province.shp 到 Layer，确认 Tools 菜单下 Customize 和 Extensions 中的 Spatial Analyst 均已打钩。

(2)点击 Geostatistical Analyst 下拉菜单，选择 Geostatistical Wizard。在 Methods 面板中点击 Kriging/CoKriging，选择 Meteo_stations 为图层，年降水量为其属性。点击 Next。

(3)在 Step 2 面板中，在 Kriging Type 面板下选择 Universal，在 Output Surface Type 面板下选择 Prediction，在 Order of trend removal 下拉菜单中选择 First，点击 Next。

(4)在 Step 3 面板中，显示的是从克里金法过程中移除的一阶趋势。点击 Next。

(5)在 Step 4 面板中，将 Number of Lags 设置为 8，在 Model #1 的 Type 选项下选择 Spherical，在 Anisotropy 选项下选择 True(总体而言，球状模型的交叉验证统计效果最佳)。点击 Next。

(6)在 Step 5 面板中，邻域数目和采样方法采用默认设置。点击 Next。

(7)在 Step 6 面板中，将显示交叉验证结果。RMS 的值比习作 3-4 的普通克里金法大，但是，标准 RMS 值较小，表明相对于普通克里金法而言，泛克里金法估算的标准误差的可靠性低。点击 Finish 完成插值。在输出图层信息对话框中点击 OK。

(8)Universal Kriging Prediction Map 是由泛克里金法插值而成的插值地图。要生成预测标准误差地图，需在 Step 1 面板中点击 Universal Kriging/Prediction Standard Error Map，并重复步骤(3)至(7)。

第四节 空间插值方法的比较

GIS软件包(如ArcGIS)提供了许多空间插值方法,基于相同的数据,不同的插值方法将生成不同的插值结果。表3-1列出了上述空间插值方法的优点和缺点。

表3-1 不同空间插值方法的优缺点对比

插值方法		优点	缺点
全局插值法	趋势面插值法	极易理解,计算简便,多数空间数据都可以用低次多项式来模拟	在空间降水模拟方面的精度不高
	回归模型法	估算的降水量不依赖于估算点周围区域气象站点的密集程度,可以直接根据地形参数求出降水量	较难找到合适的回归变量,对于数据的要求高
局部插值法	反距离加权插值法	可以通过权重调整空间插值等值线的结构	没有考虑地形因素(如高程等)对降水的影响
	薄板样条函数插值法	该方法相对比较稳健,并且不怎么依赖潜在的统计模型	不能提供误差估计,并要求研究区域是规则的
	克里金插值法	不仅考虑了各已知数据点的空间相关性,而且在给出待估计点的数值的同时,还能给出表示估计精度的方差	普通克里金插值法不能考虑地形因素(如高程等)等的影响,而泛克里金法、协同克里金法等可以将高程因素考虑进去,取得较好的插值效果

交叉验证是进行插值方法比较时常用的统计技术(Phillips et al,1992;Carrol et al,1996;Zimmerman et al,1999;Lloyd,2005;刘登伟等,2012;李新等,2003)。一些研究已经指出所生成曲面的视觉质量十分重要。例如,曲面应保持空间格局的清晰性、视觉舒适性和准确性(Laslett,1994;Declercq,1996;Yang et al,2000)。交叉验证中两个常用的诊断统计值为均方根(RMS)和标准均方根。所有的精确局部插值法都可以用均方根进行交叉验证,但是标准均方根只适用于克里金法。一般而言,插值方法效果越好,RMS值越小;较好的克里金法,其均方差较小,且标准均方根接近于1。

第五节 综合案例分析

实验3-1 全国空气质量专题图

(一)实验目标

(1)掌握全局插值的实验步骤(步骤1到步骤4)。
(2)掌握局部插值的实验步骤(步骤5到步骤8)。
(3)比较各种不同空间插值算法的生成效果,并生成全国空气质量专题图(步骤9)。

(二)实验数据

cities.shp——点文件,全国各城市中心矢量图,包括 cityID(城市行政代码)、province(省份名称)、cityname(城市名称)等属性。

chinabr——栅格文件,显示中国国界的范围,值为1。

AQI.xlsx——点文件,全国各城市关于空气质量等属性:name 表示城市名称,AQI 表示空气质量指数(Air Quality Index,其值越小代表空气质量越优,反之亦然),cityID 表示各城市行政代码,AQI_level 表示空气质量级别,Pollution 表示首要污染物。

(三)实验步骤

1. 数据加载

在 ArcMap 中新建一个地图文档,单击菜单栏"标准工具条"中的"Add Data" ,弹出对话框,点击"连接至文件夹" ,选择需要加载数据的路径,并添加 cities.shp、AQI.xlsx,并将数据帧"Layers"重命名为 Task1。确认 Customize-Extensions 下的 Geostatistical Analyst 和 Spatial Analyst 扩展模块都被勾选上。

2. 数据连接

(1)右击 cities.shp,选择 Joins and Relates→Join...,打开 Join Data 对话框,在第一栏和第三栏选择 cityID(因为 cityID 为 cities.shp 属性表和 AQI.xlsx 表格连接的公用字段),在 Join Options 选择 Keep only matching records,设置如图 3-7 所示,点击 OK。右击 cities.shp,选择 Open Attribute Table,可以看到属性表多了 AQI、AQI_level、Pollution 等字段。

(2)在 Table Options 下拉栏中选择 Add Field(图 3-8),在对话框的 name 处输入 AQI,

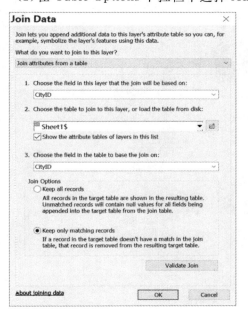

图 3-7 Join Data 对话框

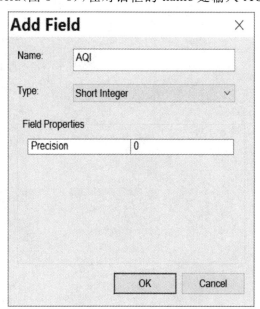

图 3-8 Add Field 对话框

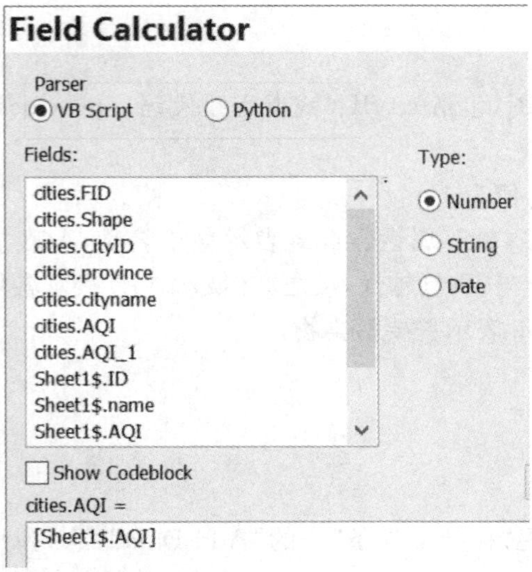

在 Type 处选择 Short Integer，点击 OK。在 Editor 工具条下拉栏下选择 Start Editing，确认待编辑的图层为 cities。回到属性表，点击新建的以 AQI 为表头的那一列，选择 Field Calculator，在对话框中选择 Sheet1 $. AQI，并双击，表达式变为 cities.AQI＝[Sheet1 $. AQI]，如图 3-9 所示，点击 OK。在 Editor 工具条下拉栏下选择 save edits，然后选择 stop editing。

3. 数据探查

(1) 点击 Geostatistical Analyst 下拉菜单，指向 Explore Data，选择 Trend Analysis。在 Trend Analysis 对话框的底部，选择 cities 为输入图层，cities.AQI 作为输入属性，如图 3-10 所示。

图 3-9　Field Calculator 对话框

(2) 将 Trend Analysis 对话框最大化。3D 图显示了两个趋势：YZ 面上，一个为从北到南降低的趋势；XZ 面上，呈现出先从西到东降低，再略微上升的趋势。东西向的变化比南北向的变化强烈许多，说明中国空气污染情况从西向东先降低然后上升。关闭对话框。

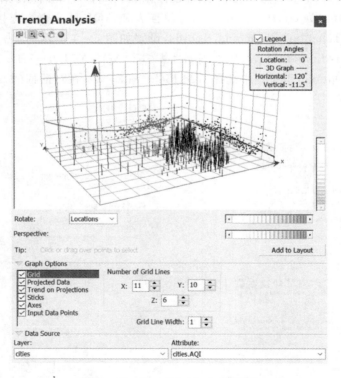

图 3-10　Trend Analysis 对话框

4. 全局插值法

这里的全局插值法主要指趋势面插值

(1)点击 Geostatistical Analysis 下拉菜单,选择 Geostatistical Wizard。在打开的对话框中的 Methods 栏中,点击 Global Polynomial Interpolation(整体多项式插值),在 Input Data 栏中,选择 cities 为 Source Dataset,选择 cities.AQI 为 Data Field,如图 3-11 所示。

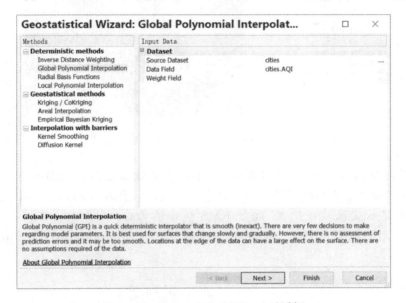

图 3-11 Geostatistical Wizard 对话框

(2)点击 Next,选择趋势面模型的幂。幂的列表中提供了 1~10 选项,从中选择 1,点击 Next。下一个面板显示与观测值对应的预测值及其误差的散点图,以及与一阶趋势面模型相关的统计值。均方根(RMS)表征趋势面模型的拟合程度,本例中均方根为 32.86。点击 Back,将幂变为 2,则均方根为 32.42。改变幂的取值,重复以上操作。选取均方根最小的趋势面模型。对于 cities.AQI 属性,最好趋势面模型的幂为 3(均方根为 28.81)。因此,将幂变为 3,点击 Finish,在 Method Report 对话框中点击 OK。Global Polynomial Interpolation Prediction Map 是地统计分析生成的地图,地图范围与 cities 一致,如图 3-12 所示。

5. 局部插值法之反距离加权插值法(IDW)

(1)在菜单栏上点击 Insert→Data Frame(数据帧),命名为 Task2,加载数据 cities.shp。点击 Geostatistical Analyst 下拉菜单,选择 Geostatistical Wizard。在 Methods 框中选择 Inverse Distance Weighting,在 Input Data 框中选择 cities 为 Source Dataset,选择 AQI 为 Data Field,点击 Next。

(2)面板中包括一个圆形框和一个方法框,用于设定 IDW 的参数。IDW 法默认值用的幂为 2、15 个邻近点(控制点)以及用于选择控制点的圆形区域。圆形框显示 cities、控制点及其权重(用百分比和颜色显示),用于导出测试点位的估算值。可以点击圆形框内任意一点,分析如何得到点的估算值。

(3)在面板中 Power 输入值旁有 The Optimize Power Value(优化幂值)按钮 。因为

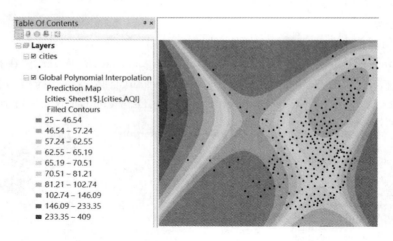

图 3-12　生成的 Prediction Map

幂的改变直接影响到估算值,点击该按钮,在不改变其他参数设定的情况下,Geostatistical Wizard 采用交叉验证法来寻找最佳的幂。幂字段处显示的值为 2.95,点击 Next。

(4)该面板显示交叉验证结果,此处 RMS 统计值为 24.69。点击 Finish,在跳出来的 Method Report 对话框点击 OK。生成的 Inverse Distance Weighting Prediction Map,如图 3-13 所示。

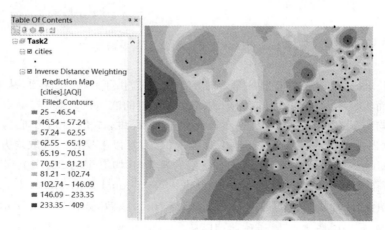

图 3-13　按照 IDW 生成的 Prediction Map

6.局部插值法之薄板样条函数插值法

(1)在菜单栏上点击 Insert→Data Frame(数据帧),命名为 Task3,加载数据 cities.shp。点击 Geostatistical Analyst 下拉菜单,选择 Geostatistical Wizard。在 Methods 框中选择 Radial Basis Functions,在 Input Data 框中选择 cities 为 Source Dataset,选择 AQI 为 Data Field,点击 Next。

(2)Step 2 面板中,在 Kernel Function 中选择 Completely Regularized Spline(完全规则样条),点击 Next。

(3) Step 3 面板显示与观测值对应的预测值及其误差的散点图,以及相关的统计值。均方根为 25.77。点击 Finish,在跳出来的 Method Report 对话框点击 OK。生成的 Radial Basis Functions Prediction Map 如图 3-14 所示。

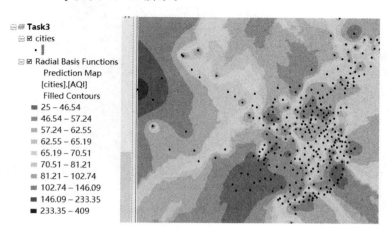

图 3-14 完全规则样条插值

(4) 点击 Geostatistical Analyst 下拉菜单,选择 Geostatistical Wizard。在 Methods 框中选择 Radial Basis Functions,在 Input Data 框中选择 cities 为 Source Dataset,选择 AQI 为 Data Field,点击 Next。

(5) Step 2 面板中,在 Kernel Function 中选择 Spline with Tension(张力样条),点击 Next。在 Step 3 面板中,其均方根为 25.75。点击 Finish,生成 Radial Basis Functions_2 Prediction Map。

7. 局部插值法之普通克里金插值法

(1) 在菜单栏上点击 Insert→Data Frame(数据帧),命名为 Task4,加载数据 cities.shp。点击 Geostatistical Analyst 下拉菜单,选择 Geostatistical Wizard。在 Methods 框中选择 Kriging/CoKriging,在 Input Data 框中选择 cities 为 Source Dataset,选择 AQI 为 Data Field,点击 Next。

(2) 在 Step 2 面板中,在 Kriging Type 一栏选择 Ordinary,在 Output Surface Type 一栏选择 Prediction,点击 Next。

(3) Step 3 面板显示了半变异/协方差图。在 Model♯1 一栏中将 Type 更改为 Exponential(指数函数),Optimize model 旁边有 Optimize entire model(优化整个模型)按钮 ,模型参数的设置直接影响到半变异/协方差图的拟合度。点击该按钮,在跳出的 Optimize variogram 对话框中点击确定。点击 Next。

(4) Step 4 面板显示的是选择邻近点的数目(控制点)以及采样方法的操作。最后,点击 Next。Step 5 面板显示了交叉验证的结果。图表框提供了四种类型的散点图(预测值与测量值、误差与测量值、标准差与测量值、标准差对正常值的 QQ 图)。Prediction Err-ors 框列出了包括 RMS 在内的交叉验证统计值。其均方根为 25.13。点击 Finish,点击 Method Report 对话框的 OK。生成的 Kriging Prediction Map 如图 3-15 所示。

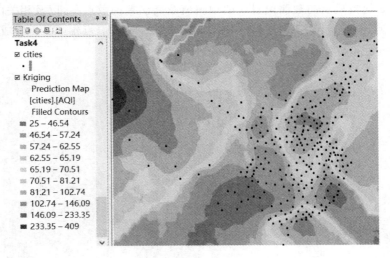

图 3-15 普通克里金插值

（5）重复上述步骤，在 Step 3 面板 Model#1 一栏中将 Type 依次更改为 Spherical（球体函数）、Gaussian（高斯函数），分析交叉验证统计值的效果会不会比指数模型更好。

8. 局部插值法之泛克里金插值法

（1）在菜单栏上点击 Insert→Data Frame（数据帧），命名为 Task5，加载数据 cities.shp。点击 Geostatistical Analyst 下拉菜单，选择 Geostatistical Wizard。在 Methods 框中选择 Kriging/CoKriging，在 Input Data 框中选择 cities 为 Source Dataset，选择 AQI 为 Data Field，点击 Next。

（2）在 Step 2 面板中，在 Kriging Type 一栏选择 Universal，在 Output Surface Type 一栏选择 Prediction，从 Order of Trend 下拉菜单中选择 First，点击 Next。

（3）Step 3 面板显示将从克里金法过程中移除的一阶趋势，点击 Next。

（4）在 Step 4 面板中，Model#1 一栏中将 Type 改为 Spherical（球类模型）（对比交叉验证结果，总体而言球类模型效果最佳），点击 Optimize entire model 按钮，点击 Next。

（5）在 Step 5 面板中，邻域数目和采样方法采用默认设置，点击 Next。

（6）Step 6 面板将显示交叉验证结果。此处均方根为 24.77，比普通克里金法要低，说明对于该组数据泛克里金插值法可靠性要高。点击 Finish，选择 Method Report 对话框中的 OK。生成的 Kriging Prediction Map 如图 3-16 所示。

9. 不同插值方法的效果对比

对比以上不同插值方法所得到的均方根，均方根越小，其插值效果越佳。对于该组数据，IDW 最为适合，这与数据的特征具有很大关系。一般而言，对于数据分布均匀的区域，IDW 插值效果好；缺点是在数据分布不均地区，插值容易出现小的封闭等值线（"球状突起"）和因数据缺乏而产生的不规则等值线。泛克里金的插值效果也较佳，与 IDW 不同，克里金插值考虑了空间相关性问题，其首先将每两个点进行配对，这样产生一个以两点之间距离为自变量的函数。该方法在数据点多时，内插结果的可信度较高。最后，根据交叉验证结果，采用 IDW 插值方法生成全国空气质量专题图，步骤如下所示。

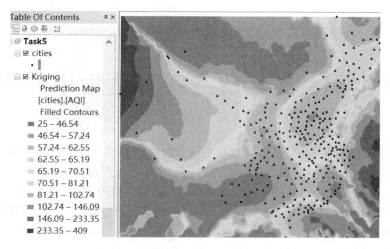

图 3-16 泛克里金插值

（1）右击 Task2 数据框，选择 Activate，加载栅格数据 chinarb，然后双击 Inverse Distance Weighting Prediction Map 图层，点击 Extent 选项，将 Set the extent to 设置为"the rectangular extent of chinarb"，点击确定。

（2）要对 Inverse Distance Weighting Prediction Map 进行切割，使其范围与国界一致。首先将地统计数据集转换成栅格。右击 Inverse Distance Weighting Prediction Map，指向 Data，选择 Export to Raster。在对话框中，输入 1000（m）作为像元大小，并将栅格命名为 IDW，点击 OK，导出数据集。并将其加载到 Task2 中。

（3）打开 ArcToolbox，双击 Spatial Analyst Tools→Extraction→Extract by Mask 工具。在接下来的对话框中选择 IDW 作为输入栅格（Input raster），chinarb 为输入掩膜数据（Input raster or feature mask data），IDW_boun 为输出栅格，即为被切割过的 IDW。点击 OK。

（4）双击 IDW_boun 图层，点击 Symbology 选项，在左边方形框点击 Classified，将 Classes 修改为 8，修改 Color Ramp，点击确定。导出的全国空气质量专题图如图 3-17 所示。

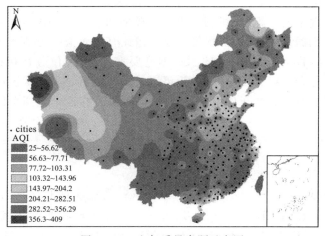

图 3-17 空气质量专题示意图

第四章　GIS在城市空间可达性中的应用实验

　　GIS路径分析分为基于矢量节点和基于耗费距离栅格两种(Deo等,1984;刘瑜等,2004)。最小耗费路径分析是基于栅格数据来确定像元间的最小耗费路径,网络分析是基于矢量数据和已建立拓扑关系的网络。两者均可用于最短路径分析,将两者放在同一章讲述,比较栅格数据和矢量数据在GIS空间分析应用中的区别。相对于网络分析,最小耗费路径分析方法具有数据结构简单、无需建立复杂的拓扑关系和进行复杂的拓扑运算、处理速度快等特点。尤其是遥感数据通常以栅格数据存储,在进行最小耗费路径分析时不需要进行数据格式的转换(刘学锋等,2004)。

　　最小耗费路径分析是基于栅格的,关注面较窄。用耗费栅格定义通过每个像元所需的耗费(即成本),最小耗费路径分析能找到像元间的最小累积耗费路径。最小耗费路径分析常作为一种分析工具,用于确定在道路、管线、运河等建设中耗费最低或环境影响最小的路径(Chang,2016)。

　　网络是GIS中一类独特的数据实体,它由若干线性实体通过结点连接而成。网络分析一直是GIS空间分析的重要内容,它依据网络拓扑关系,并通过考察网络元素的空间、属性数据,对网络的性能特征进行多方面的分析计算。由于近年来普遍使用GIS管理大型网状设施,如城市中的各类地下管线、交通线、通信线路等,对网络分析功能的需求也在迅速发展中(吴信才,2014)。

第一节　最小耗费路径分析

1.源图层

　　源图层可以是选中的一组点、线、面,或者是栅格图层中选中的点。源图层可以是要素类或栅格。当输入源数据是栅格时,源栅格中仅源像元有像元值(0也是合法的源像元值),其他的像元都不赋值(No Data)。当输入的源数据是要素类时,源位置在执行分析之前从内部转换为栅格。在最小耗费路径分析中,源像元可以被看成路径的终点,也可以是起点或目标点。分析导出一个像元相对于源像元的最小耗费路径,如果存在两个或两个以上源像元,则针对最近的那个源像元。

> **习作4-1　生成源栅格图层**
>
> 所需数据:sources.shp。
>
> (1)启动ArcMap,添加sources.shp到Layer,在菜单栏上打开ArcToolbox,依次选择Conversion Tool→To Raster,双击Feature to Raster,打开对话框,在Input features选择sources.shp,Field里选择Id,Output raster命名为sourarea,Output cell size选用

默认设置,点击 OK。

(2)将栅格图层 sourarea 加载进 ArcMap,可以看到栅格的像元值为 1、2。

(3)假如把像元值为 1 的栅格提取出来作为源栅格,则需要用到"提取分析"工具:在菜单栏上打开 ArcToolbox,依次选择 Spatial Analyst Tools→Extraction,双击 Extract by Attributes,打开对话框,选择 sourarea 为 Input raster,将 Output raster 命名为 sourext,在 Where clause 栏点击 SQL 按钮,并输入"VALUE"=1,点击 OK,关闭 Query Builder 对话框。点击 OK。

(4)sourext 栅格图层加载进 ArcMap,仅有像元值为 1 的栅格,作为源栅格图层。

2. 耗费栅格和耗费距离

耗费栅格定义了穿过每个像元的耗费或阻抗。每个像元的耗费通常是各项不同耗费的综合,例如管道建设耗费包括建造成本、运行成本、环境影响的潜在耗费、后期维修耗费等。为耗费栅格指定的单位可以是任何所需成本类型,包括金钱成本、时间、能量消耗或相对于分配给其他像元的成本而得出其含义的无单位系统。耗费栅格上的值可以是整型或浮点型,但不可以是负值或 0。

耗费距离是指穿越自然距离的耗费。栅格数据中的每个像元与周围的 8 个像元连通,垂直或水平方向相邻像元之间的耗费距离计算公式为:

$$W_{ij} = (C_i + C_j)/2$$

斜方向即对角线方向相邻像元的耗费距离计算公式为:

$$W_{ij} = 1.414 \times (C_i + C_j)/2$$

式中,C_i、C_j 为像元 i、像元 j 自身的耗费值;W_{ij} 表示像元 i 到像元 j 的耗费距离。

图 4-1(a)为耗费栅格,图 4-1(b)为根据耗费栅格计算生成的耗费距离。

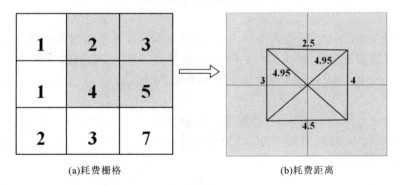

(a)耗费栅格　　　　　　(b)耗费距离

图 4-1　耗费栅格与耗费距离

3. 生成最小累积耗费路径

对于一个给定的耗费栅格,通过计算连接两个像元的每条连接的总耗费,可以计算这两个像元间的累积耗费(图 4-2),从像元 a 到像元 b 存在许多不同的路径。只有计算出所有的累积耗费路径,才能得到最小累积耗费路径。

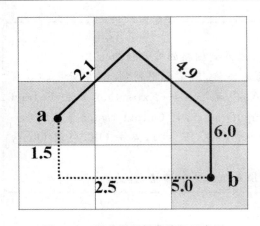

图 4－2　最小累积耗费路径示意图

从像元 a 到像元 b 存在多条路径，以图中两条路径为例，一条路径的累积耗费为 2.1＋4.9＋6.0，而另一条路径的累积耗费为 1.5＋2.5＋5.0

找出最小累积耗费路径的一般过程如下所示(Dijkstra，1959)。

(1)激活与源像元邻接的像元，将其置于激活列表中，并计算源像元到这些邻接像元的耗费。以图 4－3 的源栅格(a)和耗费栅格(b)为例，激活像元的耗费值为[图 4－3(c)]：1.0、1.5、1.5、2.0、2.8、4.2。

(2)耗费值最低(像元值为 1.0)的激活像元被赋予输出像元，它的相邻像元被激活，并计算邻接像元的累积耗费值。已经置于激活列表中的第二行、第三列的像元，其累积耗费为 4.0，比原来的耗费 4.2 更低。激活像元的耗费值为[图 4－4(a)]：1.5、1.5、2.0、2.8、4.0、4.5 和 6.7。

			2
1			

(a)

1	2	2	1
1	4	5	1
2	3	7	6
1	3	4	4

(b)

		1.5	0
		4.2	1.0
1.5	2.8		
0	2.0		

(c)

图 4－3　源栅格(a)、耗费栅格(b)及邻接像元的耗费(c)

(3)耗费值为 1.5 的两个像元被选中，它们的相邻像元被置于激活列表中。在被激活的三个相邻像元中，其累积耗费值为 2.0、2.8 和 4.0，耗费值不变，因为被选中像元的新路径耗费值更高(分别为 3.6、4.0 和 5.0)。激活像元的耗费值为[图 4－4(b)]：2.0、2.8、3.0、3.5、4.0、4.5、5.7 和 6.7。

(4)耗费值为 2.0 的像元被选中，其相邻像元被激活。在被激活的三个相邻像元中，两个累积耗费值为 2.8 和 6.7，耗费值不变，因为被选中像元的新路径耗费值更高(分别为 5.0 和 9.1)。激活像元的耗费值为[图 4－4(c)]：2.8、3.0、3.5、4.0、4.5、5.5、5.7 和 6.7。

(5)耗费值为 2.8 的像元被选出，和它相邻像元的累积费用值均在前面步骤中赋值。这些值保持不变，因为它们比新路径的耗费值低。耗费值为 3.0 的像元被选出，其右侧像元的费用值为 5.7，高于被选像元的新累积耗费值 5.5[图 4－4(d)]。

(6)依据上述步骤，像元值依次为 3.5、4.0 和 4.5 的像元被选中，其邻接像元的耗费值保持不变，激活像元的耗费值为[图 4－4(e)]：5.5、5.5、6.7 和 9.5。

(7)重复上述步骤，直到所有像元都被赋予它们的最小累积耗费[图 4－4(f)]。

耗费距离量测操作可以生成不同的输出结果。首先是最小累积耗费栅格，如图 4－4 所示；其次是方向栅格，显示每个像元到源像元的最小耗费路径的方向，如图 4－5(a)所示，方向

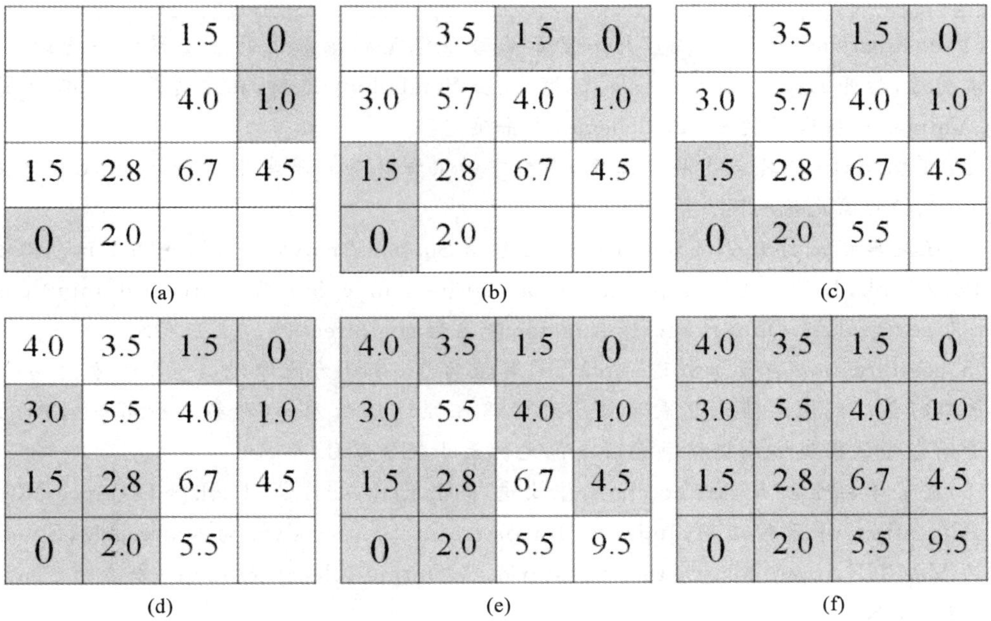

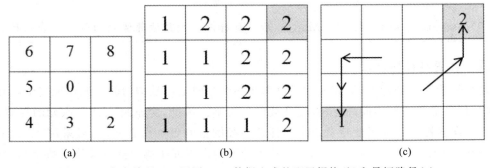

(a)
1.5 0
4.0 1.0
1.5 2.8 6.7 4.5
0 2.0
(b)
3.5 1.5 0
3.0 5.7 4.0 1.0
1.5 2.8 6.7 4.5
0 2.0
(c)
3.5 1.5 0
3.0 5.7 4.0 1.0
1.5 2.8 6.7 4.5
0 2.0 5.5
(d)
4.0 3.5 1.5 0
3.0 5.5 4.0 1.0
1.5 2.8 6.7 4.5
0 2.0 5.5
(e)
4.0 3.5 1.5 0
3.0 5.5 4.0 1.0
1.5 2.8 6.7 4.5
0 2.0 5.5 9.5
(f)
4.0 3.5 1.5 0
3.0 5.5 4.0 1.0
1.5 2.8 6.7 4.5
0 2.0 5.5 9.5

图 4-4　找出最小累积耗费栅格的中间步骤

采用 1～8 进行编码，值的范围是 0°到 360°，0 代表像元本身；再次是配置栅格，根据最小累积耗费栅格计算每个像元的最近源像元的赋值，如图 4-5(b)所示；最后是最短路径，显示每个像元到离它最近的源像元的路径，如图 4-5(c)所示。

6 7 8
5 0 1
4 3 2
(a)
1 2 2 2
1 1 2 2
1 1 2 2
1 1 1 2
(b)
2
1
(c)

图 4-5　方向编码(a)、用图 4-3 数据生成的配置栅格(b)和最短路径(c)

习作 4-2　生成最小累积耗费路径(Chang,2016)

所需数据：sourcegrid 和 costgrid，与图 4-3(a)和图 4-3(b)相同的两个栅格；pathgrid，用于分析最短路径的栅格。

(1)启动 ArcMap，添加 sourcegrid、costgrid 和 pathgrid 到 Layer，在菜单栏上打开 ArcToolbox，依次选择 Spatial Analyst Tools→Distance，双击 Cost Distance，打开对话框，Input raster or feature source data 为 sourcegrid，Input cost raster 为 costgrid，将 Output distance raster 命名为 costdistance。点击 OK。

(2) costdistance 加载进 ArcMap,显示从每个像元到源像元的最小累积耗费距离。双击该图层,打开 Layer Properties 对话框,点击 Symbology 选项,在左边方形框选择 Unique Values,选择合适的 Color Scheme,点击确定。

(3) 用 Identify 工具点击某个像元,查看它的累积耗费。思考下 costdistance 是不是与图 4-4(f)的像元值相同?

(4) 在菜单栏上打开 ArcToolbox,依次选择 Spatial Analyst Tools→Distance,双击 Cost Back Link,打开对话框,Input raster or feature source data 为 sourcegrid,Input cost raster 为 costgrid,将 Output backlink raster 命名为 costdirection。点击 OK。

(5) costdirection 自动加载进 ArcMap,其值为 0~8,0 为源像元,1~8 为方向编码,譬如第二行第二列像元值为 5 表示最小耗费路径经过正西方向(即第二行第一列)的像元。请读者尝试根据方向栅格画出每个像元的最小耗费路径。

(6) 在菜单栏上打开 ArcToolbox,依次选择 Spatial Analyst Tools→Distance,双击 Cost Allocation,打开对话框,Input raster or feature source data 为 sourcegrid,Source field 为 VALUE,Input cost raster 为 costgrid,将 Output allocation raster 命名为 costalloca。点击 OK。

(7) costalloca 自动加载进 ArcMap,显示了各像元距离最近源像元的赋值。

(8) 在菜单栏上打开 ArcToolbox,依次选择 Spatial Analyst Tools→Distance,双击 Cost Path(计算从源到目标的最小成本路径),打开对话框,Input raster or feature destination data 为 pathgrid,Destination field 为 VALUE,Input cost distance raster 为 costgrid,Input cost backlink raster 为 costdirection,将 Output raster 命名为 costpath。点击 OK。

(9) costpath 自动加载进 ArcMap,表示了目标像元到最近源像元的最短耗费路径。

4. 最小耗费路径的改进

在最小耗费路径分析中,地表通常假设为在各个方向上都是均匀的。但在现实中,受到地形的影响,地表形状受到不同高程、坡度及坡向的影响。因此,穿越地表某一像元的耗费或成本可能是各向异性的。为了使耗费距离和耗费路径的量测更加贴合实际,可采用"表面距离"(Collischonn et al,2000;Yu et al,2003;康苹等,2012)。表面距离由高程栅格或数字高程模型(DEM)计算生成,用于量测从一个像元到另一个像元所必须经过的地面或实际距离。除了表面距离,垂直因子和水平因子也要考虑,一般而言,垂直因子是指克服垂直因素,如上坡和下坡的难度;水平因子是指克服水平因素,如风速。

ArcGIS 软件用路径距离来描述基于表面距离的耗费距离、垂直因子和水平因子。路径距离工具与耗费距离相似,两者都用于确定从某源像元到栅格上各像元位置的最小累积行进成本。但是路径距离不仅可计算耗费栅格的累积耗费,而且当需要对实际曲面距离以及影响总移动成本的水平和垂直因子进行补偿时,路径距离更加适用,可用于扩散建模、流向运动和最低成本路径分析。

最小耗费路径分析常用于道路可达性、景观生态安全、可达性医疗服务、野生动物迁徙等领域(康苹等,2007;孙贤斌等,2010;Coffee et al,2012;Kindall et al,2007;Falcucci et al,

2008)。康苹和刘高焕(2007)以珠江三角洲公路网为例,系统介绍了公路网和公路行车速度的模拟技术,以及基于栅格等级公路网的最小行车时间及行车资费的分析方法,并计算珠江三角洲主要城市间的最短行车路线。孙贤斌和刘红玉(2010)将单位面积服务价值高的自然湿地景观核心斑块提取出来作为景观生态功能的"源",生态功能空间强度分布等级作为耗费栅格,在景观累积耗费强度表面上,对景观生态流的"脊线"和"谷线"进行提取,并进行邻域分析、阈值设置处理,得到生态流最大耗费路径和最小耗费路径。Coffee 等(2012)依据路网栅格创建穿越每个像元的驾车或步行成本,依据最小耗费路径分析居民距离医疗服务站点的旅行时间成本。Falcucci 等(2008),Kindall 和 Manen(2007)将野生动物栖息地集中区作为源像元,耗费因素包括植被、地形和人类活动(如道路),分析结果可显示野生动物迁移的最小耗费路线。

习作 4-3　计算路径距离(Chang,2016)

所需数据:routesour,包含一个像元值的源栅格;routepath,包含两个像元值的路径栅格;routedem,高程栅格。

该习作的主要任务:找到 routepath 中两个像元到 routesour 中源像元的最小耗费路径。该最小耗费路径是基于实际表面距离,由高程栅格计算得到。routesour 源像元的高程高于 routepath 中的两个像元,因此,该习作的主要任务可以理解为找到 routepath 两个像元到 routesour 源像元的最小耗费徒步旅行路径。

(1)启动 ArcMap,添加 routedem、routepath、routesour 到 Layer,双击 routedem,打开 Layer Properties 对话框,点击 Symbology 选项,右击 Color Ramp 框不勾选 Graphic View。然后选择 Elevation #1。可以看出,routesour 源像元位于高程表面的顶点附近,而 routepath 中两个像元位于低海拔区域。

(2)在菜单栏上打开 ArcToolbox,依次选择 Spatial Analyst Tools→Distance,双击 Path Distance,打开对话框,Input raster or feature source data 选择 routesour,将 Output distance raster 命名为 pathdis,Input surface raster (optional)选择 routedem,将 Output backlink raster (optional)命名为 backlink,点击 OK。

(3)思考问题:在 pathdis 中,像元值的值域范围是多少?如果该像元值为 500,表示什么意思?

(4)在菜单栏上打开 ArcToolbox,依次选择 Spatial Analyst Tools→Distance,双击 Cost Path(该工具的功能为计算从源像元到某目的地像元的最小耗费路径),打开对话框,Input raster or feature destination data 选择 routepath,Input cost distance raster 选择 pathdis,Input cost backlink raster 选择 backlink,将 Output raster 命名为 path,点击 OK。

(5)path 栅格图层自动加载进 ArcMap,打开 path 的属性表,点击第一条记录,显示的是源像元;单击第二条记录,该记录表示从源像元到位于右上角像元的最小耗费路径为 1181.31。请思考第三条记录表示什么?

第二节　地理网络分析

人、物、信息的运动、传递往往借助网络状设施而得以实现,网络状设施一般分为市政公用设施和交通设施两大类。市政公用设施主要包括电力、通信、给水、雨水、污水、燃气等,一般由输送管线、交换站、转换站(如变电站、交换机、调压站、水泵)、开关、阀门、用户(包括排放口)、生产源(如电厂、变电站、水厂、污水处理厂、集水口)组成网络(宋小冬等,2010)。交通系统是大家最熟悉的网络,包括铁路、公共交通、自行车线路、河流等,由交通站点和交通线路组成。

地理网络是空间上相互连接及相互作用的线状对象的基本结构形式,如交通网络、河流水系、地下管网、通信及电力网络等。地理网络是区域人口、物质、能源和信息流动的载体,大至南水北调、北煤南运、西电东送等国家级的物质能源调动需求,小至人们生活的方方面面,无不与地理网络休戚相关(周成虎等,2011)。地理网络是形成客观世界和人文社会的基本骨架,也是联系客观世界和人文社会的基本纽带。

一、图论概述

图论是地理网络表达与分析的重要数学工具。图论最早起源于一些经典的数学游戏,如哥尼斯堡七桥问题、四色问题等。图论中的"图",并不是通常意义下的几何图形或物体的形状图,是由若干给定的点及连接两点的线所构成的图形。这种图形通常用来描述某些事物之间的某种特定关系,用点代表事物,用连接两点的线表示相应两个事物间具有各种关系。一些由结点及边构成的图称为线图。在线图中,结点的位置分布和边的长、短、曲、直都可以任意描画,这并不改变实际问题的性质。我们关心的是它有多少个结点,在哪些结点间有边相连,以及整个线图具有的某些特性。

网络通常用图(Graph)的概念来表达,图可以定义为 $G=(V,E)$,其中,集合 V 中的元素称为图 G 的顶点或节点,而集合 E 中的元素称为图 G 的边或线。直观地讲,画 n 个点,把其中的一些点用曲线或直线段连接起来,不考虑点的位置与连线的长短,这样所形成的点与线的关系结构就是一个图。若图上的边有方向则称为有向图,边没有方向的图称为无向图,既有有向边又有无向边的图称为混合图,如图 4-6(a)、(b)、(c)所示。

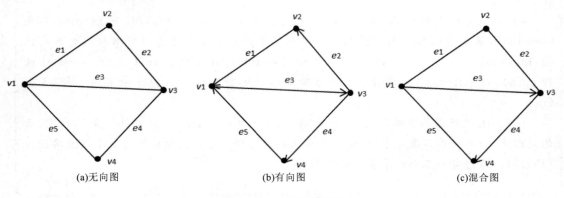

(a)无向图　　　　　　　(b)有向图　　　　　　　(c)混合图

图 4-6　一些基本的图

二、地理网络组成要素

网络是由若干线性实体互相连接而成的一个系统,资源经由网络来传输,实体间的联络也经由网络来传达。网络数据模型是现实世界中网络系统(如交通网、通信网、自来水管网、煤气管网等)的抽象表示。现实世界中,地理网络要素包括线状设施和点状设施。线状设施的空间分布形成了地理网络的基本结构,并产生了网络的边和节点;点状设施依附于线状设施之上,显然点状设施不一定就是网络中的节点。根据实际应用需求,构成地理网络的基本要素。

1. 网络边及属性

地理网络中的边是现实世界中各种线路的抽象,是网络中资源流动的路线,可以代表道路、街道、河流、输电线、输水管等。网络边包括几何信息和属性信息,其中,属性信息包括边的阻碍强度(阻碍强度通常可换算为资源流动的时间、速度等)以及边的资源需求量(如学生人数、水流量等)。

2. 网络节点及属性

网络节点是地理网络中边与边之间的连接点,位于网络边的两端。网络节点也可以表示道路的交叉口等,网络节点的属性存储在节点属性表中。

3. 站点及属性

站点是地理网络中收集或卸下资源的节点位置,如公共汽车站、码头、商店等。站点是具有指定属性的网络要素,在最优路径分析和资源分配中都要用到站点的属性。站点的属性主要有两种:一种是站点的阻碍强度,它代表与站点有关的费用或阻碍,如在某个车站上下车所用的时间等;另一种是站点的资源需求量,它表示资源在站点上增加或减少的数量,如学生数、乘客数等。站点的需求量为正数时,表示在该站上收集资源;反之,表示在该站上卸下资源。

4. 中心及属性

中心是地理网络中具有一定的容量、能够从网络边上获取资源或散发资源的节点所在的位置。例如,上学时学生沿着不同的路径聚集到学校,放学后又各自离开学校回家,因此学校是一个学生上学路线网络的中心。中心的属性包括资源容量和阻碍限度。资源容量是指从其他中心可以流向该中心或从该中心可以流向其他中心的资源总量。资源容量从某种意义上决定了分配给该中心的网络边数。分配给一个中心的所有网络边的资源需求量之和不能超过这个中心的资源容量。中心的阻碍限度是指中心与沿某一路径分配给它的所有网络边之间所允许的总的阻碍程度的最大值。在资源沿某一路径分配给一个中心或由该中心分配出去的过程中,在各条网络边上以及各转向(见下段)处所受到的总阻碍不能超过该中心所能承受的阻碍限度,否则资源将难以从目的地到达中心或从中心到达目的地。

5. 转向及属性

转向是指网络中资源在节点处可能发生的方向变化。与网络的其他元素不同,转向表示网络链之间的关系,而不是现实世界实体的抽象。转向的主要属性是转向的阻碍强度,它表示在一个节点处资源流向某一网络边所需的时间或费用。理论上讲,资源在一个节点上可能的转向数目等于该节点所连接网络边数目的平方。例如,一个节点与 2 条网络边相连,在该节点处就可能有 4 个转向;若 3 条网络边相交于一个节点,该节点就可能有 9 个转向。

6.拓扑关系

拓扑是研究几何对象在弯曲或拉伸等变换下仍保持不变的性质。例如,各铁路站点位于铁路线路上。拓扑关系是保证 GIS 空间分析结果正确的重要基础,它确保了数据质量和完整性。例如,拓扑关系可用于发现未正确闭合的线。假如在连续的道路上存在一个缝隙,最短路径分析会选择迂回路径而避开缝隙。同样,拓扑可保证有共同边界的县域和人口普查区没有缝隙或重叠。拓扑规则定义了要素之间允许的空间关系,如不能重叠、具有共享边、端点处连接等,在 ArcGIS 中可通过定义拓扑规则来进行拓扑检查。

习作 4-4　创建网络数据集(Chang,2016)

所需数据:moscowst.shp,为爱达荷州莫斯科市道路网络线;select_turns.dbf,dBASE 文件,列有 moscowst.shp 中选取的转弯。

(1)启动 ArcMap,添加 moscowst.shp、select_turns.dbf 到 Layer,右击图层 moscowst.shp,选择 Open Attribute Table,可以看到该图层有如下重要属性:MINUTES 表示行驶时间,以分为单位;ONEWAY 代表单行道(T 表示为真,F 表示为假);NAME 表示街道名称;METERS 表示每条街道的实际长度,以米为单位。

(2)右击转弯表 select_turns.dbf,点击 Open,可以看到该表格有如下重要属性:ANGLE 表示转弯角,ARC1_ID 为该转弯的第一个弧段,ARC2_ID 为该转弯的第二个弧段,MINUTES 为以分为单位的转弯阻抗。

(3)将转弯表格里的信息转换为空间数据集。在菜单栏上点击 ArcToolbox,依次选择 Network Analyst Tool→Turn Feature Class,双击 Turn Table to Turn Feature Class,打开对话框,Input Turn Table 选择 select_turns,Reference Line Features 选择 moscowst.shp,将 Output Turn Feature Class Name 命名为 turns,点击 OK。

(4)点击菜单栏上的 Catalog,右击目标文件夹,选择 New→Personal Geodatabase,将名称改为 Network.mdb,右击 Network.mdb,选择 New→Feature Dataset,在 Name 框内输入 streetnetwork,点击下一步,选择 Layers,点击下一步,点击 Finish。右击 streetnetwork,点击 Import→Feature Class(multiple),在 Input Features 选择 turns 和 moscowst 两个图层,点击 OK。

(5)点击菜单栏上的 Catalog,右击 streetnetwork 数据集,选择 New-Network Dataset,把默认的名称作为网络数据集的名称,点击下一步,选择 moscowst 加入到网络数据集中,点击下一步,检查 turns 前的复选框已打钩,采用默认的连接设置,进入下一步,选择 None to model the elevation of your network features,确认 Minutes 和 Oneway 是数据库的默认属性,点击 Yes 建立网络数据集的行车方向。在查看概要信息后,单击 Finish。单击 Yes 创建网络,单击 No 加载 streetnetwork_ND 到地图。注意,streetnetwork_ND 是一个网络数据集,streetnetwork_ND_Junctions 是一个节点要素类。

三、地理网络分析

带有适当属性的地理网络可应用在许多方面,如旅行商问题、中国邮路问题、选址问题等。本节主要讲解地理网络应用中的最短路径分析、资源分配及配置问题。

1. 最短路径分析

最短路径分析是网络分析最基本、最关键的功能之一(李元臣等,2004)。最短路径不仅指一般意义上的距离最短,诸如时间、费用都可被引申为最短路径。相应地,最短路径问题就成为最快路径问题、最低费用问题等。救护车需要了解从医院到病人家里走哪条路最快,旅客需要在众多航线中找到费用最小的中转方案,这些都是最佳路径求解的例子。从网络模型的角度看,最佳路径求解就是在指定网络中两个节点间找一条阻碍强度最小的路径。最佳路径的产生基于网线和节点转弯的阻碍强度。例如,如果要找最快路径,阻碍强度要预先设定为通过网线或在节点处转弯所花费的时间;如果要找费用最小的路径,阻碍强度就应该是费用。当网线在顺、逆两个方向上的阻碍强度都是该网线的长度,而节点无转角数据或转角数据都是零时,最佳路径就成为最短路径。

最短路径分析需要计算网络中从起点到终点所有可能的路径,从中选择一条到起点距离最短的路径。用于最短路径分析的算法很多,一般以 Dijkstra 算法最为普遍(Dijkstra,1959)。

习作 4-5 最短路径分析

所需数据:railway.shp,包括了全国铁路线路的线文件;railstations.shp,包括了全国各铁路站点的点文件。两个文件均是以 Krasovsky_1940_Albers 为投影坐标系,单位是米。

本习作的目标是在 railstations 中找出全国铁路路网上任意两个铁路站点间的最短路径。最短路径是由通行时间的链路阻抗定义的,计算通行时间的速度限制是100km/h。求解从上海到三亚的最短路径。

(1)启动 ArcMap,添加 railway.shp、railstations.shp 到 Layer,右击图层 railway.shp,选择 Open Attribute Table,可以看到该图层有如下重要属性:Name 为各铁路路线的名称;Meters 表示每个线段的自然长度,以米为单位;Minutes 表示每个线路的同行时间,以分为单位。同样查看 railstations 的属性表,name 为各铁路站点的名称。

(2)在菜单栏上选择 Customize→Extensions,确保 Network Analyst 被选中。同时,从 Customize 菜单下选择 Toolbars 工具,确保 Network Analyst 已勾选。

(3)点击菜单栏上的 Catalog,在 railway.shp 文件上右击,并选择 New Network Dataset。在 Network Dataset 对话框中,你可以为新建的网络数据集设置不同的参数。将系统默认的名称 railway_ND 作为网络数据集的名称。对于 model turns in this network 选择 No,点击下一步,点击 Connectivity 按钮。Connectivity 对话框显示 railway 为源数据,终点用于连接,1 作为连接组,单击 OK 关闭 Connectivity 对话框。点击下一步,选择 None(不为网络要素建模高程)。下一个窗口显示的 Meters 和 Minutes 作为网络数据集的属性。点击下一步,选择 Yes 来设置行驶方向,并单击 Directions 按钮。Network Directions Properties 对话框表明了显示的长度单位是 Miles,长度属性单位是 Meters,时间属性单位是 Minutes。在 railway.shp 文件中的 Name 是街道名称字段。你可以点击 Display Length Units 右边的 Miles,并在下拉框中选择 Meters,点击确定,退出 Network Directions Properties 对话框。点击下一步,窗口将会显示网络数据集的总结信息,单击 Finish。单击 Yes 来创建网络。单击 Yes 添加 railway_ND 及其要素类加载进 ArcMap。注意,railway_ND 是一个网络数据集,railway_ND_Junctions.shp 是一个道路节点要素类。

(4)从菜单栏中选择 Selection→Select By Attributes,在打开的对话框中,确认 rail-stations 是所选图层,输入下列表达式选中上海北站和三亚站:"name"='上海北站'OR "name"='三亚站'。

(5)Network Analyst 工具条在 Network Dataset 框中应显示 railway_ND,在 Network Analyst 的下拉菜单中选择 New Route,一个新的路径分析图层 Route 也被加载到了 ArcMap。

(6)这一步是把上海北站和三亚站作为最短路径分析的站点加载进来,注意,站点必须是位于网络上的。分别放大上海北站和三亚站,单击 Network Analyst 工具条上的 Create Network Location 工具,在和上海北站邻接的铁路线上单击一下,该点会以符号 1 显示。如果该点不在网络上,符号旁边会有问号出现。在这种情况下,可以使用 Select/Move Network Locations 工具把该点移到网络上。按照同样的步骤,在网络上定位三亚站。在 Network Analyst 工具条上单击 Solve 按钮求出两个站点间的最短路径。

(7)最短路径出现在地图中。在 Network Analyst 工具条上单击 Directions window。Directions 窗口显示了以 Meters 为单位的行驶距离、行驶时间以及从上海北站到三亚的最短路径的详细行驶方向。请读者写出总的行驶距离及行驶时间。

2.资源分配

资源分配是为网络中的网线和节点寻找最近的中心(资源发散或汇集地)。此分析首先计算选定地点到所有备选设施的最短路径,然后从备选设施中选择最近设施。例如,资源分配能为城市中每条街道上的学生确定最近的学校,为水库确定其供水区等。资源分配模拟资源是如何在中心(学校、消防站、水库等)和它周围的网线(街道、水路等)及节点(交叉路口、汽车中转站等)之间流动的。

举个例子,一所学校要依据就近入学的原则来决定应该接收附近哪些街道上的学生。这时,街道路网构成一个地理网络,将学校作为一个节点并将其指定为中心,以学校拥有的座位数作为此中心的资源容量,每条街道上的适龄儿童作为相应网线的需求,走过每条街道的时间作为网线的阻碍强度。资源分配功能将从中心出发,依据阻碍强度由近及远地寻找周围网线并把资源分配给中心(也就是把学校的座位数分配给相应街道的儿童),直至被分配网线的需求总和达到学校的座位总数(吴信才,2014)。

用户还可以通过附给中心的阻碍限度来控制分配的范围。例如,如果限定儿童从学校走回家所需时间不能超过 30 分钟,就可以将这一时间作为学校对应的中心阻碍限度。这样,当从中心延伸出去的路径的阻碍值到达这一限度时,分配就会停止,即使中心资源尚有剩余。

习作 4-6 寻找最近设施

所需数据:railway_ND,为习作 4-5 的网络数据集;scenes.shp,为中三角城市群的三个旅游景点。

(1)启动 ArcMap,添加 railway_ND、scenes.shp 到 Layer,为了使地图看起来不太混乱,关闭 railway_ND_Junctions 图层。

(2)确保 Network Analyst 工具条可以使用,并且 railway_ND 是网络数据库。在 Network Analyst 下拉菜单中选择 New Closest Facility。Closest Facility 图层被加载至目录中,包含 4 个列表:Facilities、Incidents、Routes 和 Barriers(Point、Line 和 Polygon)。

(3)在 Network Analyst 工具条上单击 Show/Hide Network Analyst Window,在 Network Analyst 窗口中右击 Facilities(0),并选择 Load Locations,在接下来的对话框中,确保 scenes 为位置载入的图层,点击 OK。

(4)在 Network Analyst 窗口单击 Closest Facility Properties 按钮。在 Analysis Setting 标签,Facilities to Find 设置为 1(表示搜寻最近设备的数量),并选择 Facility to Incident,为紧急事件服务的单行道复选框不要选中。单击确定关闭对话框。在 Network Analyst 窗口中单击 Incident(0)高亮显示,然后在 Network Analyst 工具条上使用 Create Network Location 工具,在网络上单击一个你选择的事件控制点。单击 Solve 按钮,地图显示到该事件的最近景点的路径。在 Network Analyst 工具条上单击 Directions Window 按钮,该窗口列出了路径的距离、行驶时间以及详细的行驶方向。

3. 配置问题

配置是通过网络来研究资源的空间分布。在配置研究中,资源常指公共设施,如消防站、学校、医院、旅游景点或者开放空间(如地震避难所)(Tarabanis et al,1999;杨效忠等,2011)。设施的分布决定了它们的服务范围,因此,空间配置分析的主要目的是衡量这些公共设施的效率。

在紧急事件服务中,一般是以反应时间来衡量效率的,即消防车或救护车到达事故地点所需的时间。例如,某城市居民要求消防站到任何地点的反应时间均在两分钟之内,现有两个消防站,这两个消防站到该城市大部分区域均超过两分钟,那么就要重新定位消防站的位置或者建立新的消防站。新消防站必须最大限度地覆盖现有消防站在两分钟内不能抵达的区域。

习作 4-7　寻找服务区(Chang,2016)

所需数据:streetnetwork_ND,为习作 4-4 的网络数据集;firestat.shp,为消防站点。

(1)启动 ArcMap,添加 streetnetwork_ND、firestat.shp 到 Layer,为了使地图看起来不太混乱,关闭 streetnetwork_ND_Junctions 图层。

(2)在 Network Analyst 的下拉菜单中选择 New Service Area,Network Analyst 窗口打开后,会出现 4 个空的列表:Facilities、Polygons、Lines 和 Barriers(Point、Line 和 Polygon)。一个新的 Service Area 分析图层也被加载进来。

(3)在 Network Analyst 窗口右击 Facilities(0),并选择 Load Locations,在下一个对话框中,确保 facilities 从 firestat.shp 中载入,并点击 OK。可以看到 Location 1 和 Location 2 显示在 Analyst Network 窗口中。

(4)在 Network Analyst 窗口单击 Service Area Properties 按钮,打开对话框。在 Analysis Settings 标签,选择 Minutes 作为阻抗,分别输入 2 分钟和 5 分钟作为默认断点,选择 Away From Facility,不勾选 Oneway。在 Polygon Generation 标签,选中 Generate Polygons 复选框,选择 Generalized 和 Trim Polygons,选择多个设施 Not Overlapping,选择 Rings 作为 Overlap Type,点击确定。

(5)在 Network Analyst 工具条上单击 Solve 按钮计算消防站服务区。该服务区范围出现在地图和 Polygons(2)中,点击 Polygons(2)旁边的加号,可看到 Location 1(消防站 1)和 Location 2(消防站 2)的两分钟内服务区的范围。

(6)在 Network Analyst 窗口单击 Service Area Properties 按钮,打开对话框。将默认断点更改为 5 分钟,如步骤 5 查看服务区范围。

(7)可以进一步将服务区保存为一个要素类。右击 Network Analyst 窗口 Polygons(2)图层,并选择 Export Data,将 All features 导出,并将要素类命名为 servicearea.shp,点击 OK。

第三节 综合案例分析

实验 4-1 基于多模式网络数据集的最优路径分析

(一)实验目标

大多数情况下旅行者和通勤者使用几种交通方式,如在人行道上步行、在道路网上驾车行驶以及搭乘地铁或火车,因此,由要素数据集中的多个要素类创建多模式网络数据集在实际应用中更为常见。

(1)掌握多模式网络数据模型构建的实验步骤(步骤 1 到步骤 5)。
(2)掌握最优路径分析的实验步骤(步骤 6 到步骤 10)。
(3)掌握 OD 矩阵创建的实验步骤(步骤 11 到步骤 15)。

(二)实验数据

GD_network.mdb——geodatabase 数据集,包含一个名称为 RoadNet 的要素集。该要素集包括 4 个要素类:GD_counties 为广东省 88 个县域单元或市辖区的点文件;GD_Railway 为广东省铁路网的线文件;GD_road 为广东省国道、省道、高速公路网的线文件;railway_stations 为广东省铁路站点。该要素集的投影坐标系为 WGS_1984_UTM_Zone_49N。

(三)实验步骤

1. 构建多模式网络数据集

步骤 1:在 ArcMap 中新建一个地图文档,单击菜单栏上的 Catalog 按钮,右击 GD_network.mdb 下的 RoadNet 要素集,指向 New→Network Dataset(图 4-7),选择系统默认的网络数据集名称,点击下一步。勾选 GD_railway、GD_road、railway_stations 三个图层(代表不同的交通方式及其连接),点击下一步。选择 Yes 在网络中构建转弯模型,尽管该网络不存在任何转弯要素类,选择 Yes 将允许网络数据集支持通用转弯并可在创建网络后随时添加转弯要素,同时点击下一步。

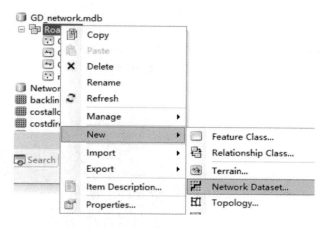

图 4-7 创建 Network Dataset

步骤 2:设置连通性和高程策略。连通性是构建网络数据集很重要的概念,而连通性往往从定义连通性组开始。一个网络数据集由边源和交汇点源构成,其中,每个边源只能被分配到一个连通性组中,每个交汇点源可被分配到一个或多个连通组中。在该案例中,公路网和铁路网属于不同的连通性组,两者通过铁路站点进行连接,否则分别来自两组不同源要素的边不连通。

步骤 3:点击 Connectivity,打开对话框,将 Group Columns 修改为 2,按照图 4-8 进行设置,railway_stations 为交叉点源,连接 GD_railway 和 GD_road,将 Connectivity Policy 修改为 Override,点击 OK。点击下一步。

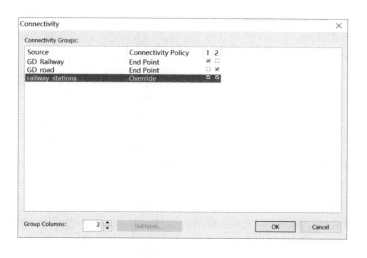

图 4-8 Connectivity 设置

步骤4：此数据集不存在高程数据，因此，点击None对网络要素不进行高程建模。点击下一步，设置Minutes为默认属性，表示最佳路径为时间最短；若设置Length为默认属性，则最佳路径为距离最短。点击下一步。

步骤5：为网络数据集配置方向。单击Yes设置方向，单击Directions打开网络方向属性对话框。在General选项下，修改Display Length Units为Meters，确认网络源GD_road、GD_Railway、railway_stations的Name是街道名称字段。点击确定，退出配置方向对话框，点击下一步。下一个窗口将会显示网络数据集的总结信息，单击Finish。单击Yes来创建网络，点击Yes将RoadNet_ND及其参与的要素类添加进地图图层。勾掉RoadNet_ND_Junctions，网络数据集显示如图4-9所示。

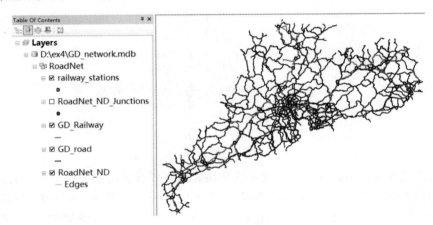

图4-9 网络数据集

2. 最佳路径分析

步骤6：从Customize菜单下选择Extensions工具，确保Network Analyst被选中，从Customize菜单下选择Toolbars工具，确保Network Analyst已勾选。

步骤7：在Network Analyst工具条上，点击Network Analyst下拉栏选择New Route，一个新的路径分析图层被加载到了目录表中。

步骤8：在菜单栏上点击Add Data ✚，将GD_counties点文件加载进来。从Selection菜单中选择Select By Attributes，在对话框中，确认GD_counties是所选图层，输入下面表达式以选择广州市辖区和阳东县：[地区名称]='广州市市辖区' OR [地区名称]='阳东县'。

步骤9：放大点图像"广州市市辖区"，单击Network Analyst工具条上的Create Network Location工具，在网络上单击点"广州市市辖区"所在位置，该点会以符号1显示。如果该点不在网络上，符号旁边会有问号出现。若出现该种情况，则使用Select/Move Network Locations工具将点进行移动。重复相同的过程，在网络上定位"阳东县"，在Network Analyst工具条上单击Solve按钮求出两个站点间的最短路径，如图4-10所示。

步骤10：右击Routes(1)选择Open Attribute Table，可以查看广州到阳东县的最短时间成本。在Network Analyst工具条上单击Directions Window ，可以显示具体的行驶距离、行驶时间及详细的行驶方向。

第四章　GIS在城市空间可达性中的应用实验

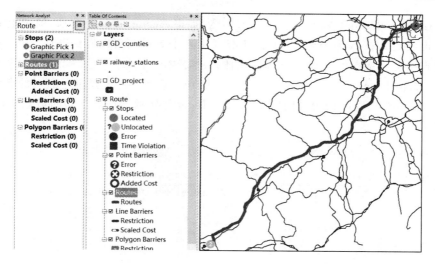

图 4-10　最短时间路径

3. 创建 OD 成本矩阵

步骤 11：在 Network Analyst 工具条上，点击 Network Analyst 下拉箭头，选择 New OD Cost Matrix，一个新的"起点—目的地"成本矩阵分析图层被加载到了目录表中。

步骤 12：在 Network Analyst 工具条上，点击 Network Analysis Window，在 Network Analyst 窗口中，右键单击 Origins(0)，然后选择 Load Locations，确认 GD_counties 为加载图层，Sort Field 以及 Name 处均选择地区名称，如图 4-11 所示，点击 OK。同样，右键单击 Destinations(0)，进行上述设置。可以看到图层变为了 Origions(88) 和 Destinations(88)。

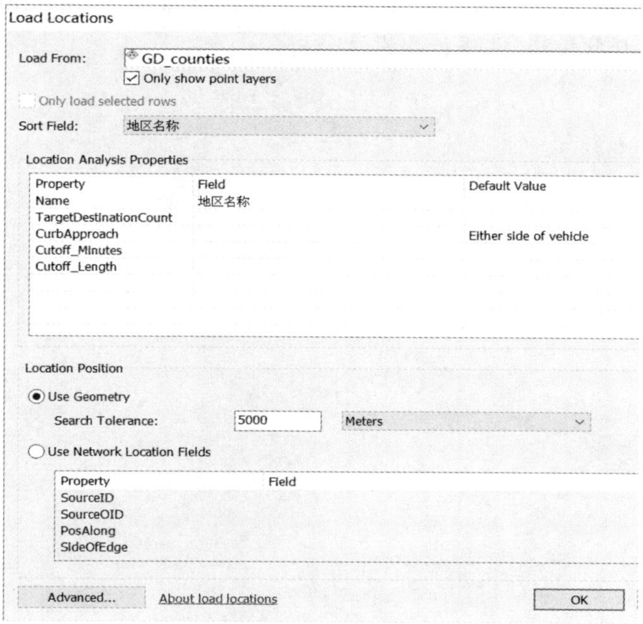

图 4-11　Load Location 对话框

步骤 13：点击 OD Cost Matrix Properties ，点击 Accumulation 选项，勾选上 Length 和 Minutes，点击确定。在 Network Analyst 工具条上点击 Solve，可以看到图层 Lines(7744)，显示的是广东省所有县级单元/市辖区点对之间的最佳路径。

步骤 14：右击 Lines(7744)，选择 Open Attribute Table，Name 显示了点对的名称，Total_Minutes 显示了点对之间的最短时间成本，Total_Length 显示了点对之间的最短长度成本，如图 4－12 所示。

Table

Lines

ObjectI	Shape	Name	OriginID	Destina	Destinat	Total_Minutes	Total_Length
7745	Polyline	博罗县 - 博罗县	1	1	1	0	0
7746	Polyline	博罗县 - 惠州市市辖区	1	27	2	19.192462	22020.92719
7747	Polyline	博罗县 - 惠东县	1	25	3	38.729363	56032.834534
7748	Polyline	博罗县 - 增城市	1	83	4	45.142311	60463.993332
7749	Polyline	博罗县 - 东莞市	1	8	5	53.3312	69988.061607
7750	Polyline	博罗县 - 河源市市辖区	1	21	6	63.709211	84000.921466
7751	Polyline	博罗县 - 深圳市市辖区	1	61	7	69.704499	98193.102897
7752	Polyline	博罗县 - 东源县	1	9	8	71.643188	110408.915188
7753	Polyline	博罗县 - 龙门县	1	42	9	72.088119	84991.93997
7754	Polyline	博罗县 - 广州市市辖区	1	18	10	81.673666	118135.033728
7755	Polyline	博罗县 - 从化市	1	4	11	85.667824	108319.334377
7756	Polyline	博罗县 - 汕尾市市辖区	1	59	12	96.155753	151576.542788
7757	Polyline	博罗县 - 佛山市市辖区	1	14	13	96.638883	134368.495696
7758	Polyline	博罗县 - 海丰县	1	19	14	98.986302	148781.153936
7759	Polyline	博罗县 - 紫金县	1	88	15	106.528243	133286.428754
7760	Polyline	博罗县 - 新丰县	1	69	16	109.290854	128174.950833
7761	Polyline	博罗县 - 中山市	1	86	17	109.831314	161739.76636
7762	Polyline	博罗县 - 和平县	1	20	18	111.98948	177957.38677
7763	Polyline	博罗县 - 江门市市辖区	1	28	19	113.683837	175279.813479

1 (0 out of 7744 Selected)

Lines

图 4－12　OD Cost Matrix 路径的属性表

步骤 15：点击 Table Options ，选择 Export，将表格命名为 lines. dbf，点击 OK。可在 Microsoft Excel 中打开此表格，并进行探索性分析。

第五章　GIS 在城市经济发展中的应用实验

经济学家一直希望将空间纳入经济分析中。德国经济学家廖什(1954)将空间均衡的思想引入区位分析。德国经济学家杜能最早将农业生产的同心圆结构引入到经济模型中。荷兰经济学家丁伯根(1981)在获得第一届诺贝尔经济学奖时呼吁把空间因素引入到经济模型中。Krugman(1991,1998)创立了基于核心-边缘模型的新经济地理学,引起了经济学界对空间的广泛兴趣(赵作权,2010,2014)。

目前,经济学关注空间因素的领域主要有以下几个方面(赵作权,2010,2014):第一是生产的空间密集型,包括城市空间结构和经济体的空间格局(Anas et al,1998;Nordhaus,2006);第二是经济的区域差异,减少区域差异一直是经济发展的一个重要目标,分析区域差异的时空发展趋势常常是经济学家和地理学家关心的问题(Wei,1999,2002,2013;关兴良等,2012);第三是城市体系等级结构与增长,一些学者试图将城市区位引入到城市等级结构模型中(Rozenfeld et al,2009)或城市增长分析中(Quah,2011);第四是市场邻近性效应,这是新经济地理的实证研究内容,市场潜能指标用于揭示越邻近市场的地方生产率越高的规律(Redding,2010)。随着 GIS 技术的兴起,极大地方便了经济发展空间格局的动态可视化,为优化我国经济发展布局、提高经济效益和辅助政府决策提供了重要的技术手段。

第一节　空间格局表征和计量

一、一般表征

在空间 D 上的任意一个格局 O 都有且仅有 5 个方面的整体特征,即中心性、展布性、密集性、方位和形状。在这 5 个特征中,中心性、展布性、方位和形状与 O 的属性总量无关,密集性与 O 的属性总量有关。同时,形状不再局限于一个单一对象或物体,例如,点格局也拥有形状特征(赵作权,2014)。

O 的 5 个特征具有不同的含义:中心性是指 O 内的一些点比其他点更邻近 O 整体的特性;展布性是指 O 在 D 上的分布范围;密集性是指 O 在 D 上展布的密集程度;方位是指 O 在 D 上展布的主体方向;形状是指 O 在 D 上展布的形态(赵作权,2014)。

二、表征模型

标准差椭圆(Standard Deviational Ellipse)属于空间格局统计分析方法,与一般空间统计方法不同,其着重于揭示地理要素空间分布的全局特征。一般采用中心性、展布性、密集性、方位和形状特征等进行表达。

1. 中心性

中心性采用标准差椭圆中心 O(即重心)表示(图 5-1),反映了地理要素空间分布整体的

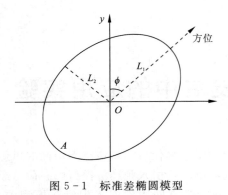

图 5-1 标准差椭圆模型

相对位置,由椭圆中心的坐标对 (x,y) 表示。中心是空间格局保持力学平衡的点,到空间格局内各点的距离平方和最小。

2. 展布性

标准差椭圆的面积表达了地理要素空间分布的展布性,面积越大,展布性越大。椭圆的长半轴用 L_1 表示,短半轴用 L_2 表示(图 5-1),则椭圆的分布面积为 $A=\pi L_1 L_2$。标准差椭圆揭示了 68% 经济总量的分布范围,代表了我国的主体经济。

3. 密集性

密集性是指一个单位展布范围内所包含的属性值,值越大代表密集水平越高。

4. 方位

标准差椭圆长半轴的方向表达了地理要素在二维空间上发展的主体趋势方向,用长轴与 y 轴(或正北方向)夹角 ϕ 表示。

5. 形状特征

标准差椭圆形状指数 ρ 是短轴与长轴的长度之比,体现了地理要素空间分布的整体形状,用公式表达如下:

$$\rho = L_2/L_1$$

形状指数越大,代表椭圆越接近于正圆,反之越线性。

标准差数的选择决定了经济总量的可表达范围。这里采用标准差数 1 表达 68% 经济总量的质心包含在内。标准差椭圆的具体计算过程可参见 Scott 和 Janikas(2010)、Gong(2002)的文章。可采用 ArcGIS Desktop 空间统计模块进行参数计算和空间可视化。

标准差椭圆方法可以识别空间分布的方向性趋势,揭示空间事物分布的内在规律。例如,识别盗窃犯罪点的空间分布方向,可能会发现盗窃犯罪分布趋势与某条道路的走向吻合;识别区域内污染检测点的空间分布方向,会有助于找出污染扩散的主要方向。标准差椭圆也可以用某一属性值作为权重,生成加权标准差椭圆。标准差椭圆的方法也能适用于识别多边形要素分布方向。

> **习作 5-1 空间格局表征**
>
> 所需数据:prefectures.shp,为中国地级市行政区划,属性数据包括 cityID、province(省名称)和 cityname(地级市名称);prefectures.xls,包括中国各地级市的 POP(人口)、GDP(国内生产总值)等数据。
>
> (1)启动 ArcMap,添加 prefectures.shp、prefectures.xls 到 Layer,请读者参照实验 3-1,使用 Join Data 工具将空间数据 prefectures.shp 和外接属性数据 prefectures.xls 进行连接。
>
> (2)在菜单栏上打开 ArcToolbox,依次选择 Spatial Statistics Tools→Measuring Geographic Distributions,双击 Directional Distribution(Standard Deviational Ellipse)打开对话框,Input Feature Class 选择 prefectures,将 Output Ellipse Feature Class 命名为 prefecture_pattern.shp,Ellipse Size 选择 1_STANDARD_DEVIATION,Weight Field

(optional)选择 Sheet1$.POP,点击 OK,关闭对话框。

(3)prefecture_pattern 自动加载进 ArcMap,椭圆内的范围即为 68%人口集中的区域。单击 prefecture_pattern 下方的颜色色块,打开 Symbol Selector 对话框,选中左边方框内的 Hollow,并点击 OK。可以看出,人口主要集中在中西部区域。

(4)右击 prefecture_pattern 图层,点击 Open Attribute Table,有 5 个属性列,其中,CenterX 和 CenterY 为标准差椭圆中心的坐标位置,XStdDist 和 YStdDist 分别为标准差椭圆的短半轴、长半轴,Rotation 为标准差椭圆的方位角。根据上述表征模型的具体指标和内涵,可以很容易计算出中国地级市人口分布的中心性、展布性、方位和形状特征。

(5)接下来进一步查看人口标准差椭圆的重心落在哪个具体的位置。在菜单栏上点击 Go To XY,在工具栏上下拉箭头里选择单位 Meters。打开 prefecture_pattern 图层的属性表,将 CenterX 的值复制粘贴到 X:后的方框内,将 CenterY 的值复制粘贴到 Y:后的方框内。然后点击 Add Point,放大该点,点击菜单栏上 Identify 工具,点击该点,在打开的对话框中确认 Idenfity from prefectures 图层,再点击该点,可以看到该点位于河南省南阳市内,说明人口中心位于南阳市内。

(6)接下来求取密集性指标。在菜单栏上点击 Selection→Select By Location,Selection method 选择 select fetures from,Target layer(s)勾选 prefectures,Source layer 选择 prefecture_pattern,Spatial selection method for target layer feature(s)选择 intersect the source layer feature,点击 OK。

(7)右击 prefectures 图层,选择 Open Attribute Table,在属性表下方可以看到有 218 个地级市被选中,点击 Show selected records,选中 POP 一列,会黄色高亮显示,右击 POP 一列,并选择 Statistics,可以看到选中地级市的人口总和(Sum),依据该值和展布性指标即可计算密集性指标。

(8)读者可采用属性值 GDP 来生成加权标准差椭圆,探讨中国地级市 GDP 分布的空间格局。

第二节 探索性空间数据分析

19 世纪 60 年代,Tukey 面向数据分析的主题,提出了探索性数据分析(Exploratory Data Analysis,EDA)的新思路,解决了传统统计分析中数据不能满足正态假设,基于均值、方差的模型在实际数据分析中缺乏稳定性的问题,并且满足了对海量数据进行分析的要求。20 世纪后半叶在西方统计界兴起的探索性数据分析技术,其重点是通过显示关键性数据和使用简单的指标来得出模式,利用归纳的方式提出假设,避免非典型观测值的误导。从 20 世纪 90 年代开始,探索性数据分析技术逐渐被广大地学工作者认可并被引入地球信息科学,用以完善和发展空间分析技术的理论和方法,形成了新的研究领域——探索性空间分析(Exploratory Spatial Data Analysis,ESDA),也有将其称为探索性空间数据分析。该方法已被许多学者认可,并取得了一定的研究成果(王喜等,2006)。

除了上一节讨论的对事物空间分布进行概括性测度的方法,在许多情况下,还需要考察、判断事物的空间分布模式。一般而言,一组空间事物的空间分布模式可划分为聚集模式、分散模式和随机模式(图 5-2)。例如,我国乡镇企业的空间分布是集聚的、随机的,还是分散的? SARS 疫情的空间分布格局随着时间的变化是变聚集了,还是分散了?空间分布模式的探测,有助于发现事物发展的成因和过程,掌握演变规律,为决策提供理论依据。

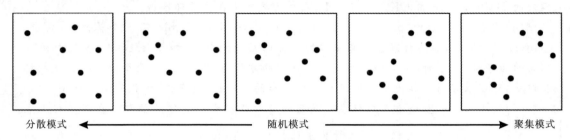

图 5-2 空间分布的模式

著名地理学家 Tobler(1970)提出"地理学第一定律",即"任何事物都与其他事物相联系,但邻近的事物比远的事物联系更为紧密"。空间自相关(Spatial Autocorrelation)是基于地理学第一定律提出的概念,认为属性值与其所处的位置有关,不同空间事物属性值之间的相关性是由这些事物的空间位置造成的(宋小冬等,2010)。空间相关性是空间单元属性值聚集程度的一种度量(Getis et al,2010;Goodchild,1986;张松林等,2007)。由于空间自相关主要用于度量某位置上的数据与其他位置上的数据之间的相互依赖程度,空间自相关也常被称为空间依赖。例如,空间位置隔得越近,其社会经济发展情况就越接近、越相关。我国存在"老少边穷"连片贫困集中区,这种现象可用空间自相关来解释。

一、空间关系

数据样本在空间上的此起彼伏和相互影响是通过区域之间相互联系得以实现的,空间权重矩阵用以传载这一作用过程,定量表达不同样本单元之间的空间关系(Spatial Relationship)(刘旭华等,2002)。构建空间连接权重是计算空间自相关的重要基础。空间权重矩阵可以量化数据集要素中存在的空间和时态关系(或至少可以量化这些关系的概念化表达)。虽然空间权重矩阵文件可能具有多种不同的物理格式,但从概念上讲,可以将空间权重矩阵看作一个表格,数据集中的每个要素都对应着表格中的一行和一列。任意给定行/列组合的像元值即为权重,可用于量化这些行要素和列要素之间的空间关系。

通常定义一个二元对称空间权重矩阵 W,来表达 n 个位置的空间区域的邻近关系,可用矩阵表示如下:

$$W_{ij} = \begin{bmatrix} w_{11} & w_{12} & \cdots & w_{1n} \\ w_{21} & w_{22} & \cdots & w_{2n} \\ \vdots & \vdots & & \vdots \\ w_{n1} & w_{n2} & \cdots & w_{nm} \end{bmatrix}$$

其中:W_{ij} 表示区域 i 与 j 的临近关系,它根据邻接标准或距离标准来度量。

空间权重矩阵有多种设定规则,常见的方式如下。

1. 面邻接

最初对空间自相关性的测度,是根据空间单元间的二进制邻接性思想进行的。邻接性由

0 和 1 两个值表达,如果空间单元间有非零长度的边界,则认为这二者是相邻的,所对应的二进制连接矩阵的元素就会赋值为 1,否则为 0。按此定义的空间权重矩阵就叫作二进制连接矩阵。二进制的邻接性认为只有相邻的空间单元之间才有空间交互作用,这是对空间单元之间交互程度的一种很有限的表达方式。而且这种邻接性对于许多拓扑转换不敏感,即一个相同的连接矩阵可以代表许多不同的空间单元分布方式(刘旭华等,2002)。

2. 反距离

使用反距离来计算空间权重矩阵时,空间关系的概念模型是一种阻抗或距离衰减。要素 A 会受到其他所有要素的影响,但距离越近,影响程度越大。反距离空间权重适用于对连续数据(如温度变化)进行建模。在使用反距离这一概念建模时,通常要指定一个距离范围或距离阈值以减少所需的计算量。

3. K 最近邻域

构建空间邻域关系,以便每个要素都可在其周边指定数量的最近邻域空间环境内进行评估。如果邻域数 K 为 8,则距目标要素最近的 8 个邻域单元都会包含在该要素的计算中。分析的空间范围会受到空间要素密度的影响:在要素密度高的位置,分析的空间范围会比较小;反之,在要素密度低的位置,分析的空间范围会比较大。该方法的优势在于它可确保每个目标要素都有一些邻域。

4. 通行网络

通常采用以上三种方法定义要素间的空间关系。但在一些情况下,例如零售分析、服务的可访问性、紧急响应、疏散计划、交通事故分析等,利用实际的通行网络(如公路、铁路或人行道)定义空间关系更为合适。通常基于矢量网络,根据时间或地理距离来为空间关系建模并将其存储。

习作 5-2 生成空间权重矩阵

所需数据:prefectures.shp,同习作 5-1。

(1)启动 ArcMap,添加 prefectures.shp 到 Layer,在菜单栏上打开 ArcToolbox,依次选择 Spatial Statistics Tools→Modeling Spatial Relationships,双击 Generate Spatial Weights Matrix 打开对话框,Input Feature Class 选择 prefectures.shp,Unique ID Field 选择 cityID,将 Output Spatial Weights Matrix File 命名为 spatialmatrix.swm,将 Conceptualization of Spatial Relationships 选择 INVERSE_DISTANCE(反距离),Distance Method (optional) 可以选用 EUCLIDEAN(欧式距离)或 MANHATTAN(曼哈顿距离),一般欧式距离选择居多。点击 OK,退出对话框。

(2)若要选择面邻接来测算空间权重矩阵,设置如步骤 1,将 Conceptualization of Spatial Relationship 修改为 CONTIGUITY_EDGES_ONLY(具有共享边的面才包含在计算中)或 CONTIGUITY_EDGES_CORNERS(具有共享边和/或角的面均包含在计算中)。

(3)若要选择 K 最近邻域来测算空间权重矩阵,设置如步骤 1,将 Conceptualization of Spatial Relationship 修改为 K_NEAREST_NEIGHBORS,Number of Neighbors (optional)(邻居个数)选项默认为 8,读者可根据需要进行修改。

二、全局空间自相关

全局空间自相关(Global Spatial Autocorrelation)指标用于探测整个研究区域的空间模式,即使用单一的值来反映该区域的自相关程度。全局空间自相关可以衡量区域之间整体上的空间关联与空间差异程度。衡量空间自相关的全局指标主要有全局 Moran's I 指数、全局 Geary's C 系数等(张松林等,2007;黄飞飞等,2009)。这里主要介绍全局 Moran's I 指数的计算过程。

全局 Moran's I 指数反映的是空间邻接或邻近的区域单元属性值的相似程度,其计算公式为:

$$I = \frac{n \sum_i \sum_j w_{ij}(x_i - \bar{x})(x_j - \bar{x})}{\sum_i \sum_j w_{ij} \sum_i (x_i - \bar{x})^2}$$

式中,x_i 为区域 i 的观测值,$(x_i - \bar{x})(x_j - \bar{x})$ 反映了观测值的相似性,w_{ij} 代表空间单元 i 和 j 之间的影响程度。

Moran's I 指数的取值范围在 -1 到 1 之间,越接近于 -1 表示单元间的差异越大或分布越分散;越接近 1 则表示单元间的关系越密切,性质越相似(高值聚集或低值聚集);接近 0 则代表单元间不相关,空间分布呈随机状态。

全局 Moran's I 通过计算 z 值检验计算结果的显著性,z 值计算方法是将实际计算值与随机分布的期望值进行比较。在正态分布中,显著性水平 $5\%(\alpha=0.05)$ 对应的 z 值为 ± 1.96。一般而言,如果计算得到 $z>1.96$ 或 $z<-1.96$,就认为结果在 $\alpha=0.05$ 显著性水平下具有统计上的显著性,即计算得到的空间自相关模式在大于 95% 的概率上是可靠的。

> **习作 5-3　全局空间模式**
>
> 所需数据:prefectures.shp,为中国地级市行政区划;prefectures.xls,包括中国各地级市的 POP(人口)、GDP(国内生产总值)等数据,同习作 5-1。
>
> (1)启动 ArcMap,添加 prefectures.shp、prefectures.xls 到 Layer,请读者参照实验 3-1,使用 Join Data 工具将空间数据 prefectures.shp 和外接属性数据 prefectures.xls 进行连接。
>
> (2)在菜单栏上打开 ArcToolbox,依次选择 Spatial Statistics Tools→Anayzing Patterns,双击 Spatial Autocorrelation (Moran's I)打开对话框,Input Feature Class 设置为 prefectures,Input Field 设置为 Sheet1$.POP,勾选上 Generate Report (optional),系统默认采用反距离(INVERSE_DISTANCE)生成空间权重矩阵,若要更改直接修改 Conceptualization of Spatial Relationships 选项。点击 OK,退出对话框。
>
> (3)在菜单栏上点击 Geoprocessing → Results,展开 Spatial Autocorrelation (Moran's I),可以看到全局 Moran's I 指数为 0.12,z 指数为 8.91(该值大于 1.96,说明该结果在统计上是显著的)。双击 Report File:Moran's I_Results.html,可以看到人口的空间模式为集聚。
>
> 值得注意的是,生成的结果报告中带有 Warning 感叹号,这是为了降低计算量,系统会设定阈值范围,仅在该阈值范围内的要素才能被当作邻居。若不指定 Distance Band or Threshold Distance (optional),系统会采用默认的邻域搜索范围。邻域搜索范围的设置会直接影响到 Moran's I 的计算结果。一般认为,需要比较不同距离下的 z 值,z 值最大

时的距离阈值认为是最优的邻域搜索范围。一般采用 Incremental Spatial Autocorrelation 工具找出最优的邻域搜索范围,操作如下。

(4)在菜单栏上打开 ArcToolbox,依次选择 Spatial Statistics Tools→Anayzing Patterns,双击 Incremental Spatial Autocorrelation 打开对话框,Input Features 选择 prefectures,Input Field 选择 Sheet1$.POP,将 Number of Distance Bands 设置为 20,在 Distance Increment (optional)输入 5000(单位为米),将 Out Report File (optional)命名为 spatialauto.pdf,点击 OK。

(5)在菜单栏上点击 Geoprocessing→Results,展开 Incremental Spatial Autocorrelation,双击 Output Report File:spatialauto.pdf,可以看到 z 值与距离的变化图表,显示有两个最高值(Peaks),最大 Peak 值对应是 570104(距离)、9.99(z 值)。该距离阈值对应的 Moran's I 值为 0.09。

三、局部空间自相关

局部空间自相关(Local Spatial Autocorrelation),描述一个空间单元与其邻域的相似程度,表示每个局部单元服从全局总趋势的程度(包括方向和量级),并指示空间异质,说明空间依赖是如何随位置变化的。实际上,反映空间联系的局部指标很可能和全局指标不一致,空间联系的局部格局不能为全局指标所反映,尤其在大样本数据中,在强烈而显著的全局空间联系之下,可能掩盖着完全随机化的样本数据子集。有时甚至会出现局部的空间联系趋势和全局的趋势恰恰相反的情况,全局指标有时甚至会掩盖局部状态的不稳定性,因此在很多场合需要采用局部指标来探测空间自相关。例如,地震学家往往需要对地震数据进行空间自相关分析,基于地震发生是否存在空间格局的有关信息来研究地震的区域分布特性,以辅助地震预报(王劲峰等,2004)。

局部空间自相关指标对研究区域内每一个空间要素进行测度,具体计算方法是在全局指标的基础上进行若干修正后得出。其中,全局 Moran's I 指数、全局 Geary's C 系数对应的局部指标分别为局部 Moran's I 指数、局部 Geary's C 系数。其中,局部 Moran's I 指数和局部 Geary's C 系数也被统称为局部空间关联指标(Local indicators of spatial association,LISA)(Anselin,1995)。总体而言,局部 Moran's I 统计量的分布性质更加理想一些,所以应用更多。该指标由 Anselin 于 1995 年首次提出,在一些文献中也称为 Anselin Local Moran's I。

与全局指标的测度方法一致,LISA 也是建立在对属性值相似度、空间位置相似度测度的基础上。研究区域中有 n 个空间要素,其中,空间要素 i 的局部 Moran's I 值计算公式如下:

$$I_i = \frac{x_i - \overline{X}}{S_i^2} \sum_{j=1, j \neq i}^{n} w_{ij}(x_j - \overline{X})$$

式中,x_i 空间单元的 i 的属性值;S_i^2 为属性值 x_i 的方差;w_{ij} 为空间权重矩阵。

对于任一空间要素 i,局部 Moran's I 指数的计算结果,较高的 I_i 值,说明空间要素 i 与周边相邻要素的属性值具有较高的相似度,较低的 I_i 值,说明空间要素 i 与周边相邻要素的属性值具有较低的相似度。局部 Moran's I 指数的计算结果也需要进行显著性检验,需要计算 z 值用于判断较高或较低的 I_i 值是否是由偶然因素导致的。显著性检验方法与全局 Moran's I 指数的计算方法类似。

以中国地级市总人口为例,生成局部空间自相关图,如图5-3所示。图中 High-High Cluster、Low-Low Cluster 为高值/低值集聚区,High-Low Outlier、Low-High Outlier 为高低/低高异值区,Not Significant 为统计不显著的区域。可以看出,人口高值集聚区主要分布在长三角和环渤海城市群,而人口低值集聚区主要分布在西北。根据聚类与异常值分析图,可以找出人口分布的特征和规律,并进行深一步诊断。

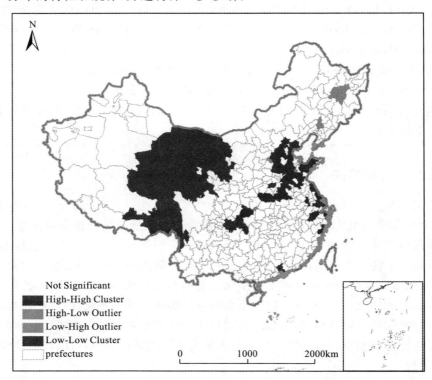

图 5-3 中国人口空间自相关分布示意图

习作 5-4 局部空间模式

所需数据:prefectures.shp,为中国地级市行政区划;prefectures.xls,包括中国各地级市的 POP(人口)、GDP(国内生产总值)等数据,同习作 5-1。

(1)启动 ArcMap,添加 prefectures.shp、prefectures.xls 到 Layer,请读者参照实验 3-1,使用 Join Data 工具将空间数据 prefectures.shp 和外接属性数据 prefectures.xls 进行连接。

(2)在菜单栏上打开 ArcToolbox,依次选择 Spatial Statistics Tools→Mapping Clusters,双击 Cluster and Outlier Analysis(Anselin Local Moran's I)打开对话框,Input Feature Class 设置为 prefectures,Input Field 设置为 Sheet1＄.POP,将 Output Feature Class 命名为 localpattern.shp。Conceptualization of Spatial Relationships 定义生成空间权重的方式,一般默认为 Inverse_Distance(反距离),若选择反距离或反距离平方,需要在 Distance Band or Threshold Distance (optional)输入 570104(已在习作 5-3 中说明),点击 OK,退出对话框。

(3) localpattern.shp 图层自动加载进 ArcMap,地图显示了 Not Significant、High-High Cluster、High-Low Outlier、Low-High Outlier、Low-Low Cluster 五类,分别表示统计不显著、高值集聚、高低异常值、低高异常值、低值聚集。

四、热点分析

局部 Moran's I 指数虽然能测定出属性值在空间上的聚类分布,但是无法区分是属性值高值聚类还是低值聚类。局部 G 统计量是在广义 G 统计量的基础上构造出另一个局部空间自相关指标。局部 G 统计量的优点在于可以区分高值聚类区域和低值聚类区域,分别称为"热点"(Hot Spot)和"冷点"(Cold Spot)。局部 G 统计量可以直接计算出,在显著性水平 $\alpha=0.1$ 时,$z>1.65$ 是高值聚类区域,即"热点"区域;$z<-1.65$ 是低值聚类区域,即"冷点"区域。"热点"和"冷点"都是局部空间正相关,是属性值高度相似的区域,这是局部 Moran's I 指数无法区分的。对于具有显著统计学意义的正的 z 得分,z 得分越高,高值(热点)的聚类就越紧密;对于统计学上的显著性负的 z 得分,z 得分越低,低值(冷点)的聚类就越紧密。

以中国地级市总人口为例,生成人口热点分布图,如图 5-4 所示。图中 Cold Spot-99%、Cold Spot-95%、Cold Spot-90%、Not Significant、Hot Spot-90%、Hot Spot-95%、Hot Spot-99%,分别显示了 90%置信区、95%置信区、99%置信区间下人口分布的热点和冷点区域。可以直接显示人口的高值/低值集聚区,并挖掘其分布规律和原因。

习作 5-5 热点分布

所需数据:prefectures.shp,为中国地级市行政区划;prefectures.xls,包括中国各地级市的 POP(人口)、GDP(国内生产总值)等数据,同习作 5-1。

(1) 启动 ArcMap,添加 prefectures.shp、prefectures.xls 到 Layer,请读者参照实验 3-1,使用 Join Data 工具将空间数据 prefectures.shp 和外接属性数据 prefectures.xls 进行连接。

(2) 在菜单栏上打开 ArcToolbox,依次选择 Spatial Statistics Tools→Mapping Clusters,双击 Hot Spot Analysis (Getis - Ord Gi *)打开对话框,Input Feature Class 设置为 prefectures,Input Field 设置为 Sheet1$.POP,将 Output Feature Class 命名为 hotspot.shp。Conceptualization of Spatial Relationships 定义生成空间权重的方式,一般默认为 INVERSE_DISTANCE,若选择反距离或反距离平方,需要在 Distance Band or Threshold Distance (optional)输入 570104(已在习作 5-3 中说明),点击 OK,退出对话框。

(3) hotspot.shp 图层被加载到 ArcMap,图层显示了 Cold Spot-99%、Cold Spot-95%、Cold Spot-90%、Not Significant、Hot Spot-90%、Hot Spot-95%、Hot Spot-99%,分别显示了 90%置信区、95%置信区、99%置信区间下的热点和冷点区域。可以找出人口的高值/低值集聚区。

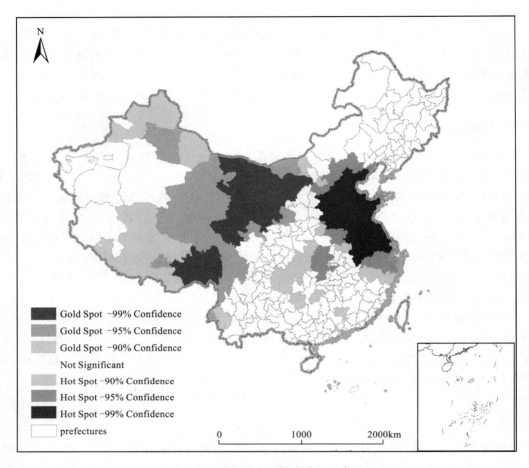

图 5-4 我国总人口热点分析示意图

第三节 空间回归分析

一、普通线性回归模型

假设随机变量 y 与确定性变量 $x_1, x_2, \cdots, x_p$ 的普通线性回归模型（Ordinary Linear Regression,OLR）为：
$$y = \beta_0 + \beta_1 x_1 + \beta_2 x_2 + \cdots + \beta_p x_p + \varepsilon \quad i = 1, 2, \cdots, n$$
式中，$\beta_1, \beta_2, \cdots, \beta_p$ 是 p 个未知参数，为回归系数，β_0 为回归常数，y 是因变量，$x_1, x_2, \cdots, x_p$ 为自变量；ε 为随机误差。

回归分析主要用于理解、建模、预测和/或解释各种复杂现象。它可帮助解决诸如"为什么中国有些区域发展速度很快""为什么某些城市用地扩张快"等问题。在 ArcGIS 中运行普通最小二乘法（OLS）回归工具时，可以提供一组诊断，帮助了解是否拥有一个正确指定的模型，正确指定的模型往往是一个可以信任的模型。

习作 5-6　普通最小二乘法

所需数据：Guangdong.shp，为广东省 88 个县级单元/市辖区，属性值包括 CounID（县级单元代码）、NameCoun（名称）、NameCity（所属地级市名称）、PCGDP（人均国内生产总值）、PCFAI（人均固定资产投资）、URB（城镇化率）、PCFCAU（人均实际利用外资额）、DEC（财政分权）、ELE（高程）、EDU（中学生比例，反映教育水平）。该文件投影坐标是 WGS_1984_UTM_Zone_49N。

本习作的主要目的是探讨影响经济发展（PCGDP 为因变量）的主要驱动因素（其他变量为自变量）。

(1) 启动 ArcMap，添加 Guangdong.shp 到 Layer，在菜单栏上点击 ArcToolbox，依次选择 Spatial Statistics Tools→Modeling Spatial Relationship，双击 Ordinary Least Squares 打开对话框，Input Feature Class 选择 Guangdong，Unique ID Field 选择 CounID，将 Output Feature Class 命名为 GD_OLS.shp，Dependent Variable 命名为 PCGDP，Explanatory Variables 勾选 PCFAI、URB、PCFCAU、DEC、ELE、EDU，将 Output Report File（optional）命名为 OLS.pdf，将 Diagnostic Output Table（输出诊断表）命名为 OLSdiag，点击 OK。

(2) 在菜单栏中选择 Geoprocessing→Results，右键单击 Messages，选择 View 查看汇总报表，或者直接打开 OLS.pdf 也可以查看汇总报表。Adjusted R-squared（校正可决系数）为 0.74，表示该模型可解释因变量中大约 74% 的变化，即该模型表达了大约 74% 的经济发展情况。

(3) 评估模型中的每一个解释变量：Coefficient（系数）、Probability（概率）、Robust_Pr（稳健概率）和 VIF（方差膨胀因子）。除了 ELE（高程），其他因素与因变量（即经济发展）为正向关系。T 检验是用来评估某个解释变量是否具有统计显著性。对于具有统计显著性的概率，其旁边会带有一个星号（*），这里 URB、PCFCAU、DEC 为带星号的变量。VIF 用于测量解释变量中的冗余。一般而言，与大于 7.5 的 VIF 值关联的解释变量应逐一从回归模型中移除。从 VIF 的值来看，该模型没有冗余的解释变量。

(4) 评估模型是否具有显著性。Joint F-statistic（联合 F 统计量）和 Joint Wald Statistic（联合卡方统计量）均用于检验整个模型的统计显著性。对于大小为 95% 的置信度，p 值（概率）小于 0.05 表示模型具有统计显著性。

(5) 评估稳态。Koenker(BP) Statistic 是一种检验方法，用于确定模型的解释变量是否在地理空间和数据空间中都与因变量具有一致的关系。对于大小为 95% 的置信度，p 值（概率）小于 0.05 表示模型具有统计学上的显著异方差性和/或非稳态。具有统计显著性非稳态的回归模型通常很适合进行 GWR 分析。

(6) 评估模型偏差。Jarque-Bera Statistic 用于指示残差（已观测/已知的因变量值减去预测/估计值）是否呈正态分布。该检验的零假设为残差呈正态分布。从 Jarque-Bera 统计值来看，该模型残差不呈正态分布。

(7) 评估残差空间自相关。如习作 5-3，采用 Spatial Autocorrelation(Moran's I) 工具去检测图层 GD_OLS 的 Residual（残差）字段的空间自相关，可以看出，z-score 是 3.08，大于 1.96（95% 置信区间），所以，残差具有空间自相关，并不是空间随机的。高残差和/或低残差（模型偏高预计值和偏低预计值）的统计显著性聚集表明模型（指定错误）中的某个关键变量缺失了。当模型错误设定时，OLS 结果不可信。

二、地理加权回归

随着地理信息技术的不断发展,空间分析方法也有了极大的提高。英国学者 Fotheringham 提出了地理加权回归模型(Geographical Weighted Regression,GWR)。该模型是用于研究空间关系的一种新方法,它通过将空间结构嵌入线性回归模型中来探测空间关系的非平稳性。由于该方法不但简单易行、估计结果有明确的解析表示,而且得到的参数估计还能进行统计检验,因此,得到越来越多的研究和应用,目前已被应用于社会经济学、城市地理学、气象学、森林学等诸多学科领域。许多空间问题用 GWR 的方法都可以很好地解决,它被认为是一种非常有效的方法,可用来揭示被观测者间的空间非平稳性和空间依赖(汤庆园等,2012)。

在空间分析中,变量的观测值(数据)一般都是按照某给定的地理单元为抽样单位得到的,随着地理位置的变化,变量间的关系或者结构会发生变化,这种因地理位置的变化而引起的变量间关系或结构的变化称为空间非平稳性(Spatial Nonstationarity)。一般认为空间非平稳性至少是由以下三方面的原因引起的(Fotheringham et al,1998)。第一,随机抽样误差引起的变化。由于抽样误差一般是不可避免的,也是不可观测的,因此统计上一般只假定它服从某一分布,探索这种变化对分析数据本身的固有关系作用不大。第二,由于各地区的自然环境、人们的生活态度或习惯,以及各地的管理制度、政治和经济政策等的差异,所引起的变量间关系随地理位置的变化发生"漂移",这种变化反映了数据的本质特性,探索这种变化在空间数据的分析中是十分重要的。第三,用于分析空间数据的模型与实际不符,或者忽略了模型中应有的一些回归变量而导致的空间非平稳性。

空间非平稳性在空间数据中是普遍存在的,以空间数据的回归分析为例,因变量 y 与回归变量 $x_1,x_2,\cdots,x_n$ 之间的回归函数形式会随观测点地理位置的不同而发生变化,这种变化往往是很复杂的,很难用某一个特定形式的函数来描述。例如,假设 y 为房屋价格,$x_1,x_2,\cdots,x_n$ 为描述房屋特性的变量,比如房屋的面积、内部结构、取暖设施等。就我国而言,有无取暖设施在北方地区会对房屋的价格产生很大的影响,但在南方地区则影响较小;房屋面积每增加一个单位,在人口稠密的大城市和人口稀疏的小城市,对提高房屋价格的幅度有所不同,即空间的非平稳性体现在房屋面积、取暖设施这些回归变量的参数会随地理位置的变化而不断发生变化,准确掌握这些关系的空间非平稳性对于制定相应的政策,采取必要的措施等具有重要的现实意义(覃文忠,2007)。

由于人们在分析空间数据前,往往对这些变化的具体特点并不甚了解,如果采用通常的线性回归模型或某一特定形式的非线性回归函数来分析空间数据,一般很难得到满意的结果,这是因为这些全局性模型实际上在分析之前就假定了变量间的关系具有同质性(Homogeneity),从而掩盖了变量间关系的局部特性,所得结果也只是研究区域内的某种"平均",因此要正确探测空间数据关系的空间非平稳性必须改进传统的分析方法。

GWR 将数据的空间位置嵌入到回归参数中,利用局部加权最小二乘方法进行逐点参数估计,其中权是回归点所在的地理空间位置到其他各观测点的地理空间位置之间距离的函数。通过各地理空间位置上的参数估计值随地理空间位置的变化情况,可以非常直观地探测空间关系的非平稳性。Brundon(1996)用地理加权回归模型分析疾病的空间分布,结果发现地理加权回归模型的残差平方和比普通线性回归模型的残差平方和要小得多;LeSage(1999)用地理加权回归模型分析中国 GDP 与各省贡献之间的变化,实验结果表明地理加权回归模型的估计结果能够很好地解释区域经济增长的过程；Paez(2000)用地理加权回归模型研究日本仙台市城市热岛效应的空间变化情况，研究结果表明城市温度呈现明显的空间变化；苏方林(2005)应用地理加权回归模型分析县域经济发展的空间特征，研究表明地理加权回归模型能够更好地反映经济量的空间依赖性；汤庆园等(2012)采用地理加权回归模型揭示上海小区房价的空间分异和不同影响因子的影响，并指出地理加权回归分解成局部参数估计优于OLS提供的全局参数估计。

GWR是对OLR的扩展，将数据的地理位置嵌入到回归参数之中，表达如下：

$$y_i = \beta_{i0} + \sum_{k=1}^{p} \beta_{ik} x_{ik} + \varepsilon_i \qquad i = 1, 2, \cdots, n$$

若 $\beta_{1k} = \beta_{2k} = \cdots = \beta_{nk}$，则地理加权回归模型就是前述的OLR。

由于GWR中的回归参数在每个数据采样点上都是不同的，因此，其未知参数的个数为 $n \times (p+1)$，远远大于观测个数 n。同一个回归参数 β_{ik} 在不同采样点 i 上的估计值是不同的，它反映了该参数所对应变量间的关系在研究区域内的变化情况，而GWR模型可以探测到这种空间关系的空间非平稳性。

采用ArcGIS软件进行模型设计时，全局或局部共线性问题是常见的严重模型设计错误之一。要确定出现问题的位置，使用OLS运行模型，然后检查每个解释变量的VIF值。如果某些VIF值较大(例如，大于7.5)，则全局多重共线性会阻止GWR解决问题。但局部多重共线性更有可能出现问题。在构建GWR模型时，避免使用空间组织二元/二进制变量、空间聚类名目/数值变量或几乎不可能具有值的变量。

习作5-7　地理加权回归

所需数据：Guangdong.shp，为广东省88个县级单元/市辖区，同习作5-6。

本习作的主要目的是考虑空间非平稳性下的经济发展(PCGDP为因变量)的主要驱动因素(其他变量为自变量)。

(1)启动ArcMap，添加Guangdong.shp到Layer，在菜单栏上点击ArcToolbox，依次选择Spatial Statistics Tools→Modeling Spatial Relationships，双击Exploratory Regression打开对话框，Input Features选择Guangdong，Dependeng Variable选择PCGDP，Candidate Explanatory Variables勾选PCFAI、URB、PCFCAU、DEC、ELE、EDU，可以根据需要修改Search Criteria相关选项，这里采用默认值，点击OK。

(2)点击菜单栏并选择Geoprocessing→Results，右击Messages，选择View，可以检查不同自变量组合的模型(结果显示在表格Highest Adjusted R-Squared Results)，当自变量个数为3时(即URB、PCFCAU、DEC)，模型的Adjusted R-Squared系数为0.74；当自变量个数增加到4时，模型的Adjusted R-Squared系数并未增加。因此，当模型自变量组合为URB、PCFCAU、DEC时，模型结果较优。

(3)在菜单栏上点击ArcToolbox，依次选择Spatial Statistics Tool→Modeling Spatial Relationship，双击打开Geographically Weighted Regression，Input features选择Guangdong，Dependent variable选择PCGDP，Explanatory variable(s)选择URB、PCFCAU、DEC，将Output feature class命名为GD_GWR，Kernel type(核类型)选择ADAP-

TIVE(自适应)(带宽距离将根据输入要素类中要素的空间密度发生变化),Bandwidth method(带宽方法)选择 AICc(修正的 Akaike 信息准则),点击 OK。

(4)在菜单栏上选择 Geoprocessing - Results,右击 Messages,选择 View,消息对话框中显示 GWR 汇总报表(该报表同时也显示在 GD_GWR_supp. dbf 中)。Bandwidth/Neighbors 是指用于各个局部估计的带宽或相邻点数目,并且可能是 GWR 的最重要参数。Residual Squares 指模型中的残差平方和,该值越小,GWR 模型越拟合观测数据。Effective Number 反映了拟合值的方差与系数估计值的偏差之间的折中,与宽带的选择有关。Sigma 为残差的估计标准差,该值越小越好。AICc 是模型性能的一种度量,有助于比较不同的回归模型。考虑到模型的复杂性,具有较低 AICc 值的模型将更好地拟合观测数据。R2 与 R2 Adjusted 是拟合度的一种度量,与 AICc 对比,AICc 是对模型进行比较的首选方式。

(5)OLS 模型的 AICc 为 237.19,而 GWR 模型的 AICc 为 210.04,因此,对于该研究问题,GWR 更为合适。

第四节 案例分析

实验 5-1 中国县域发展时空格局变化分析

(一)实验目标

(1)运用标准差椭圆工具分析中国县域发展空间格局(步骤 1 到步骤 7)。
(2)分析中国县域发展时空格局的变化轨迹(步骤 8 到步骤 14)。

(二)实验数据

counties. shp——面文件,全国各县域单元(市辖区/县级市/县)矢量图,包括 CountyID(县域单元行政代码)、Province(省份名称)、Prefecture(城市名称)、CountyName(县域单元名称)等属性。

County_pcgdp. dbf——属性文件,存储了全国 2258 个县级单元 1997 年到 2010 年的人均国内生产总值等属性。

(三)实验步骤

1. 数据加载

步骤 1:在 ArcMap 中新建一个地图文档,单击菜单栏"标准工具条"中的"Add Data",将 counties. shp、County_pcgdp. dbf 添加进 ArcMap,请读者参照实验 3-1,使用 Join Data 工具将空间数据 counties. shp 和外接属性数据 County_pcgdp. dbf 进行连接。

步骤 2:双击图层 counties. shp,打开 Layer Properties 对话框,点击 Symbology 选项,在左边方形框依次点击 Quantities→Graduated colors,在 Fields 框 Value 处选择 PCGDP1997,

点击 Classify 打开 Classification 对话框, Method 选择 Quantile(分位数), Classes 选择 4, 点击 OK, 点击确定。查看 1997 年 PCGDP 的空间分布情况。

步骤 3: 单击菜单栏"标准工具条"中的"Add Data", 将 counties.shp 添加进 ArcMap, 使用 Join Data 工具将空间数据 counties.shp 和外接属性数据 County_pcgdp.dbf 进行连接。重复步骤 2, 不同的是在 Fields 框 Value 处选择 PCGDP2010, 查看 2010 年 PCGDP 的空间分布情况, 并与 1997 年的情况进行对比, 发现经济重心向北移动, 如图 5-5 所示。

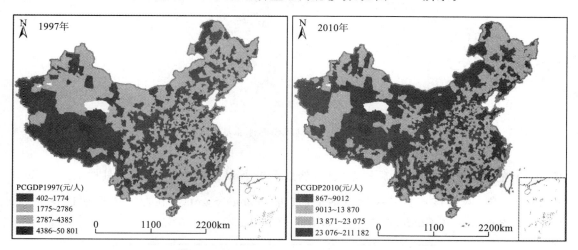

图 5-5　1997 年和 2010 年我国县域 PCGDP 的空间分布格局示意图

2. 生成标准差椭圆

步骤 4: 单击菜单栏上的 ArcToolbox, 依次选择 Spatial Statistics Tools→Measuring Geographic Distributions, 双击 Directional Distribution (Standard Deviation Ellipse) 打开对话框, Input Feature Class 选择 counties, 将 Output Ellipse Feature Class 命名为 Ellipse1997.shp, Ellipse Size 选择 1_STANDARD_DEVIATION, Weight Field (optional) 选择 County_pcgdp.PCGDP1997, 点击 OK。

步骤 5: 在菜单栏上选择 Geoprocessing→Results, 双击 Directional Distribution (Standard Deviation Ellipse), 修改 Output Ellipse Feature Class 和 Weight Field, 重复步骤 4, 对于其他年份的 PCGDP 属性值生成标准差椭圆, 如图 5-6 所示。

步骤 6: 点击 Editor 工具栏选择 Start Editing, 确认编辑 Ellipse1997, 打开 Ellipse1997 图层的属性表, 将 Id 列的值改为 1997(代表年份), 同样修改其他年份的标准差椭圆图层, 在 Editor 工具栏上选择 Save Edits, 并选择 Stop Editing。

步骤 7: 在 Table of Contents 一栏, 勾选 Ellipse1997、Ellipse2000、Ellipse2005、Ellipse2010, 双击图层 Ellipse1997, 在左边方形框选择 Features→Single symbol, 点击 Symbol 下的颜色色块, 选择 Hollow, 并修改 Outline Width 和 Outline Color, 点击 OK。采用相同的步骤修改图层 Ellipse2000、Ellipse2005、Ellipse2010。

步骤 8: 在工具栏上点击 Go To XY, 单位选择 Meters, 分别打开图层 Ellipse1997、Ellipse2000、Ellipse2005、Ellipse2010 的属性表, 将 CenterX 的值复制粘贴到 X: 后的方框内, 将

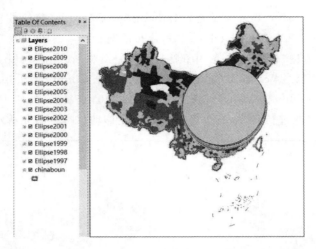

图 5-6 不同年份的标准差椭圆

CenterY 的值复制粘贴到 Y: 后的方框内,然后点击 Add Point 。在工具栏上点击 Select Elements ,双击该点打开属性对话框,点击 Change Symbol,在左边方形框选择十字架 Cross 1,修改 Size 和 Color,点击 OK,如图 5-7 所示。

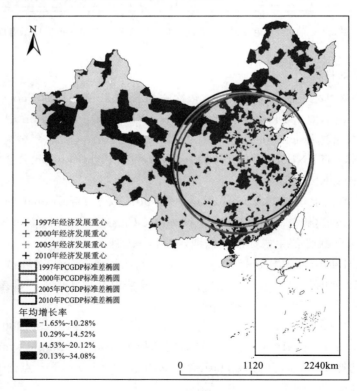

图 5-7 1997—2010 年中国县域经济发展空间格局

3. 生成经济重心轨迹图

步骤9：每个标准差椭圆图层，如 Ellipse1997，打开其属性表，均可计算出衡量空间格局的5个指标，请读者自行计算并分析这五个指标的时间序列变化，从而判断我国县域经济发展空间格局的变化规律。

步骤10：新建一个 Blank Map，将 Ellipse.shp、Ellipse1997.shp、Ellipse1998.shp…Ellipse2010.shp 等图层加载进来。在 Editor 工具栏上点击 Start Editing，鼠标左键拉框选中所有的标准差椭圆，右击 Copy，然后右击 Paste，确认 Target（目标图层）为 Ellipse.shp，点击 OK，如图 5-8 所示。在 Editor 工具栏上点击 Save Edits，然后 Stop Editing。

图 5-8　图层要素合并

FID	Shape *	Id	CenterX	CenterY	XStdDist	YStdDis	Rotation
1	Polygon	1997	3746769.	3565345	1033362.	1161244.	27.535749
2	Polygon	1998	3732859.	3571002	1056860.	1181623.	35.92062
3	Polygon	1999	3730411.	3571597	1074487.	1182020.	38.275691
4	Polygon	2000	3732431.	3572297	1083743.	1156131.	36.669004
5	Polygon	2001	3729002.	3579013	1093193.	1155024.	43.484108
6	Polygon	2002	3728914.	3585837	1089293.	1151517.	47.143401
7	Polygon	2003	3731519.	3596599	1087807.	1141686.	51.702004
8	Polygon	2004	3727111.	3610420	1081398.	1141432.	53.094412
9	Polygon	2005	3702605.	3639261	1081766.	1132084.	56.648684
10	Polygon	2006	3691051.	3641001	1083756.	1142320.	67.958787
11	Polygon	2007	3695650.	3647934	1077948.	1129900.	56.086398
12	Polygon	2008	3693572.	3664526	1080274.	1128075.	53.198172
13	Polygon	2009	3696794.	3675649	1067439.	1139639.	48.420463
14	Polygon	2010	3694615.	3685445	1075558.	1142663.	45.15739

图 5-9　Ellipse 图层属性表

步骤11：右击打开 Ellipse.shp 属性表，汇总了 1997—2010 年标准差椭圆各项指标的值，如图 5-9 所示。在 Table Options 下拉栏选择 Export，将 Output table 命名为 ellipse_xy.dbf，如图 5-10 所示。点击 Yes 将生成的表格加载进 ArcMap。

步骤12：在菜单栏中选择 File→Add Data→Add XY Data，ellipse_xy 为所选表格，X Field 选择 CenterX，Y Field 选择 CenterY，点击 OK。图层 ellipse_xy Events 显示了历年标准差椭圆中心的空间位置，右击该图层选择 Data→Export Data，将 Output feature class 命名为 ellipse_points.shp，点击 OK，如图 5-11 所示。

图 5-10　属性表 Export Data 对话框

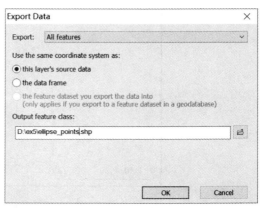

图 5-11　空间图层 Export Data 对话框

步骤13：在工具栏上点击 Catalog，选中某文件夹（保存文件的路径）右击，指向 New→Shapefile，Name 处输入 trajectory，Feature Type 选择 Polyline，点击 Edit，在 Add Coordinate System ▼下拉箭头下选择 Import（图 5-12），双击 Ellipse.shp，可以看到坐标系名称为 BOCD，点击确定，点击 OK。

步骤14：双击 ellipse_points 图层，打开 Layer Properties，点击 Labels，勾选 Label features in this layer，确认 Label Field 为 Id，点击确定。

步骤15：在 Editor 工具栏下点击 Start Editing，并点击 Create Features，在出来的对话框中点击 trajectory，将鼠标移到标注 1997 的点上单击一下，并移往标注 1998 的点并单击，按照时间顺序，直至最后标注 2010 的点，双击该点结束线的绘制。在 Editor 工具栏下选择 Save Edits，然后 Stop Editing。得到的该条线即为中国县域经济重心的移动轨迹图，如图 5-13 所示。

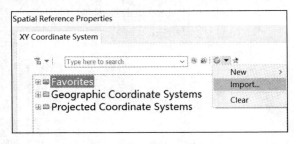

图 5-12　Import 坐标系

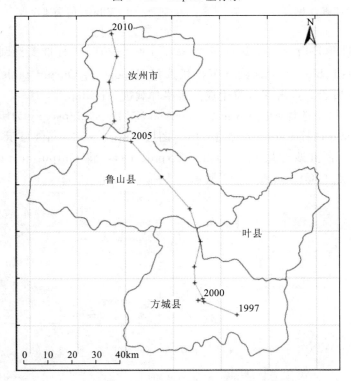

图 5-13　县域经济中心移动轨迹

实验 5-2 中国县域经济集聚度分析

(一)实验目标

(1)运用空间自相关工具探索中国县域经济发展的空间格局(步骤 1 到步骤 6)。
(2)运用热点分析工具探讨中国县域经济发展的热点分布(步骤 7 到步骤 8)。

(二)实验数据

counties. shp——面文件,全国各县域单元(市辖区/县级市/县)矢量图,包括 CountyID (县域单元行政代码)、Province(省份名称)、Prefecture(城市名称)、CountyName(县域单元名称)等属性。

County_pcgdp. dbf——属性文件,存储了全国 2258 个县级单元 1997 年到 2010 年的人均国内生产总值等属性。

(三)实验步骤

1. 数据加载

步骤 1:在 ArcMap 中新建一个地图文档,单击菜单栏"标准工具条"中的"Add Data",将 counties. shp、County_pcgdp. dbf 添加进 ArcMap,请读者参照实验 3-1,使用 Join Data 工具将空间数据 counties. shp 和外接属性数据 County_pcgdp. dbf 进行连接。

2. 全局和局部空间模式

步骤 2:找出最优的邻域搜索范围:在菜单栏上打开 ArcToolbox,依次选择 Spatial Statistics Tools→Anayzing Patterns,双击 Incremental Spatial Autocorrelation 打开对话框,Input Feature Class 设置为 counties,Input Field 设置为 County_pcgdp. PCGDP1997,将 Number of Distance Bands 设置为 20,在 Distance Increment (optional)输入 5000(单位为米),点击 OK。

步骤 3:在菜单栏上点击 Geoprocessing→Results,展开 Messages,可以看到 Max Peak (Distance、Value):383826.18、66.230237,将 Max Peak 对应的 Distance 认为是空间自相关生成的最优邻域范围。这时,z-score 为 66.23,大于 1.96,因此,经济发展全局上呈现出集聚模式。

步骤 4:在菜单栏上打开 ArcToolbox,依次选择 Spatial Statistics Tools→Mapping Clusters,双击 Cluster and Outlier Analysis (Anselin Local Moran's I)打开对话框,Input Feature Class 设置为 counties,Input Field 设置为 County_pcgdp. PCGDP1997,将 Output Feature Class 命名为 local_counties97. shp。Conceptualization of Spatial Relationships 选择 Inverse_Distance(反距离),Distance Method 选择 EUCLIDEAN_DISTANCE,在 Distance Band or Threshold Distance (optional)输入 383826.18(已在上一步中说明),点击 OK,退出对话框。

步骤 5:图层 local_counties97. shp 加载进 ArcMap,显示了 Not Significant、High-High Cluster、High-Low Outlier、Low-High Outlier、Low-Low Cluster 五类。请读者分析县域经济发展的局部集聚模式,并与习作 5-4 进行对比,分析地级市和县域经济发展空间格局是否存在尺度效应。

步骤6：重复步骤2～5，找出2001年、2005年、2010年中国县域经济发展的局部集聚模式，分析中国县域经济发展空间格局的时间变化，如图5-14所示。可以看出，我国集聚经济往北移动，同时在西部存在较严重的贫困集聚现象，体现了我国西部扶贫工作的艰巨性和长期性。

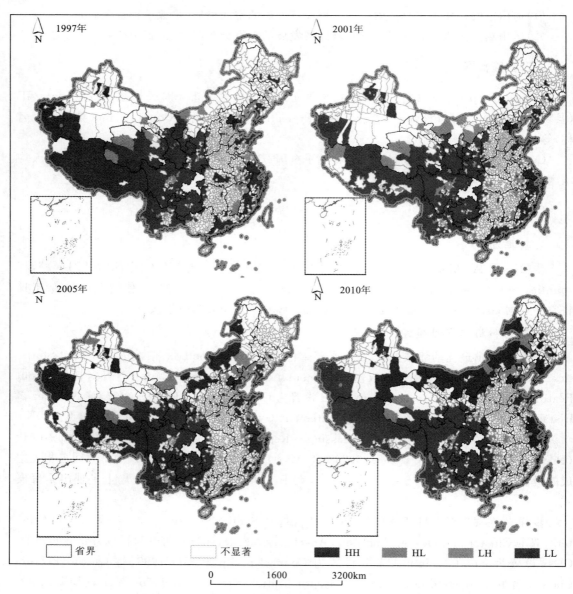

图5-14　不同年份中国县域经济发展局部集聚模式

3. 热点分析

步骤7：在菜单栏上打开ArcToolbox，依次选择Spatial Statistics Tools→Mapping Clusters，双击Hot Spot Analysis (Getis-Ord Gi*)打开对话框，Input Feature Class设置为counties,Input Field 设置为 County _ pcgdp. PCGDP1997,将 Output Feature Class 命名为 hotspot_counties97. shp。Conceptualization of Spatial Relationships 选择 INVERSE_DISTANCE,Distance Method 选择 EUCLIDEAN_DISTANCE,在 Distance Band or Threshold Distance (optional)输入 383826.18,点击 OK,退出对话框。

步骤 8:重复步骤 7,找出 2001 年、2005 年、2010 年中国县域经济发展的热点分布,分析中国县域经济发展热点区域的时间变化。并与习作 5-5 中地级市的热点分布作比较,分析经济发展热点分布的尺度效应。

实验 5-3 中国县域经济发展驱动因素分析

(一)实验目标

(1)运用 OLS 分析中国县域经济发展的驱动因素(步骤 1 到步骤 4)。
(2)运用 GWR 分析中国县域经济发展的驱动因素(步骤 5 到步骤 7)。
(3)对比 OLS 和 GWR 的运行结果,分析中国县域经济发展的影响因素(步骤 8)。

(二)实验数据

counties. shp——面文件,全国各县域单元(市辖区/县级市/县)矢量图,包括 CountyID(县域单元行政代码)、Province(省份名称)、Prefecture(城市名称)、CountyName(县域单元名称)等属性。

county_attr. dbf——属性文件,存储了全国 2181 个县级单元 2008 年的多个属性项,包括 PCGDP(人均国内生产总值)、PCFAI(人均固定资产投资)、EDU(中学生人数比例)、ELE(平均高程)、DEC(财政分权程度)、PCFCAU(人均实际利用外资)、URB(城镇化率)。

(三)实验步骤

1. 数据加载

步骤 1:在 ArcMap 中新建一个地图文档,单击菜单栏"标准工具条"中的"Add Data",将 counties. shp、county_attr. dbf 添加进 ArcMap,请读者参照实验 3-1,使用 Join Data 工具将空间数据 counties. shp 和外接属性数据 county_attr. dbf 进行连接。

2. 采用 OLS 进行回归分析

步骤 2:在菜单栏上点击 ArcToolbox,依次选择 Spatial Statistics Tools→Modeling Spatial Relationship,双击 Ordinary Least Squares 打开对话框,Input Feature Class 选择 counties,Unique ID Field 选择 CounID,将 Output Feature Class 命名为 counties_ols. shp,Dependent Variable 命名为 county_attr. PCGDP,Explanatory Variables 勾选 PCFAI、EDU、ELE、DEC、PCFCAU、URB,如图 5-15 所示,点击 OK。

步骤 3:在菜单栏中选择 Geoprocessing→Results,右键单击 Messages,选择 View 查看汇总报表,OLS 模型的 Adjusted R-Squared 为 0.46,各变量的 VIF 均小于 2,Joint F-statistic(联合 F 统计量)和 Joint Wald Statistic(联合卡方统计量)显示模型具有统计显著性。Koenker(BP) Statistic 表示模型具有非稳态。OLS 模型的解释请参考习作 5-5,具有统计显著性非稳态的回归模型通常很适合进行 GWR 分析。

步骤 4：在菜单栏上点击 ArcToolbox，依次选择 Spatial Statistics Tools→Modeling Spatial Relationships，双击 Exploratory Regression 打开对话框，Input Features 选择 counties，Dependeng Variable 选择 county_attr. PCGDP，Candidate Explanatory Variables 勾选 PCFAI、EDU、ELE、DEC、PCFCAU、URB，可以根据需要修改 Search Criteria 相关选项，将 Maximum Number of Explanatory Variables 修改为 6（对应 6 个自变量），点击 OK，如图 5-16 所示。

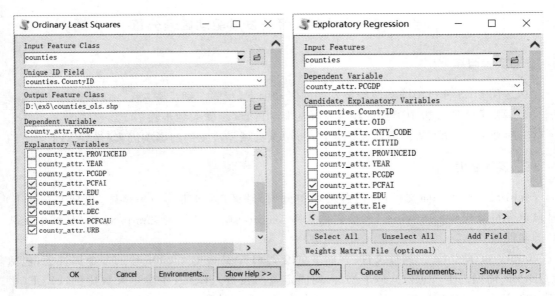

图 5-15　OLS 对话框　　　　　　图 5-16　Exploratory Regression 对话框

步骤 5：点击菜单栏上选择 Geoprocessing→Results，右击 Messages，选择 View，可以检查不同自变量组合的模型，经过不同模型组合对比，当自变量个数增加为 5 个时（即 PCFAI、ELE、DEC、PCFCAU、URB），模型的 Adjusted R-squared 系数为 0.46，为最优。

3. 采用 GWR 进行回归分析

步骤 6：在菜单栏上点击 ArcToolbox，依次选择 Spatial Statistics Tool→Modeling Spatial Relationship，双击打开 Geographically Weighted Regression，Input features 选择 counties，Dependent variable 选择 county_attr. PCGDP，Explanatory variable(s) 选择 PCFAI、ELE、DEC、PCFCAU、URB，将 Output feature class 命名为 counties_gwr，Kernel type（核类型）选择 ADAPTIVE（自适应），Bandwidth method（带宽方法）选择 AICc，点击 OK。

步骤 7：在菜单栏上选择 Geoprocessing→Results，右击 Messages，选择 View，消息对话框中显示 GWR 汇总报表，显示了 Neighbors 数量为 225，Adjusted R-squared 为 0.66，AICc 为 3290.06。

步骤 8：OLS 模型的 AICc 为 4227.52，而 GWR 模型的 GWR 为 3290.06，因此，对于该研究问题 GWR 更为合适。

第六章 基于地理信息系统的城市专题信息系统建设案例

案例1 城市管网信息系统建设案例

根据2014年6月3日国务院办公厅印发《关于加强城市地下管线建设管理的指导意见》（国务院办公厅〔2014〕第27号文件），城市地下管线建设目标为：2015年底前，完成城市地下管线普查，建立综合管理信息系统，编制完成地下管线综合规划；力争用5年时间，完成城市地下老旧管网改造，将管网漏失率控制在国家标准以内，显著降低管网事故率，避免重大事故发生；用10年左右的时间，建成较为完善的城市地下管线体系，使地下管线建设管理水平能够适应经济社会发展需要，应急防灾能力大幅提升。城市管网实体建设与信息化建设已提上议事日程，城市管网信息系统建设具有重要意义。

测绘地理信息行业标准《管线要素分类代码与符号表达》《管线测绘技术规程》《管线信息系统建设技术规范》于2015年6月26日经国家测绘地理信息局批准发布。此前，《管线测量成果质量检验技术规程》已于2014年12月18日经国家测绘地理信息局批准发布。这些标准的提出可为管线规划、设计、建设和普查等测绘工作提供系统化的标准支撑，满足经济社会各方面的需要，进而保障以地理信息为基础的管线信息系统建设的统一和互联互通，推动地理信息应用服务方式和服务领域创新。

本案例在此背景下，首先概述了城市管网信息系统的定义及特点、城市管网信息系统的发展现状及趋势，以及城市管网信息系统建设存在的问题。然后从系统建设背景、目标、系统结构图及各功能模块简介、系统功能特点和管理模式等几个方面较为详细地介绍了广州市地下管网信息系统成功建设的经验理念。

一、城市管网信息系统建设研究现状

（一）城市管网信息系统概念

1.城市管网信息系统定义

城市管网包括电力、通讯、燃气、水务、交通等管线网络，具有十分复杂的空间和非空间信息，是城市的基础设施和城市运行的"主动脉"与"生命线"，与我们的生活息息相关。传统的城市管网管理主要是借助于城市管线图和表格数据采用人工管理，存在数据资料储存不便、精确度低、查询分析困难等弊端。随着经济发展和城镇化建设，城市空间不断扩大，城市功能不断完善，城市管网日益庞大、复杂，传统的城市管网管理已经不能满足城市发展需求。地理信息系统（GIS）的快速发展及其在市政建设、城市管理、资源调查、环境保护、空间分析、政府决策

与调控等方面的成功运用,使得基于 GIS 技术的城市管网信息系统成为城市管网管理的重要手段,保障保证城市管网高效、稳定运行。

所谓城市管网信息系统是指利用 GIS 技术和其他专业技术,采集、存储、编辑、分析、管理城市管线及其附属设施的空间和属性等信息的计算机系统。城市管网信息系统以 GIS 技术为支撑,系统对象为城市管线及其附属设施的空间和属性信息,主要目的是利用 GIS 技术为城市管理、规划部门提供一套完善的关于城市管网的管理手段,确保城市管网合理、有效、高效、稳定运行(李巍等,2002)。城市管网信息系统不仅能够更好地管理各种主干管线信息,及时对各专业管线数据进行更新、维护,保证管线数据的准确性,而且能够为管理部门的宏观决策提供准确、实时的管线信息,为城市的防灾、抢险等提供决策服务,为城市的规划建设提供完善的管线资料,为保证城市地下生命线的安全运转提供强大的技术保障(秦智慧,2005)。

2. 城市管网信息系统特点

城市管网信息系统是城市地理信息系统的重要组成部分,与其他管理系统相比,城市管网信息系统具有如下特点。

1)管网连接关系和数据准备复杂,行业规范严格

不同的管网都有自己一整套的行业规则,管线与管线、设备与设备之间具有复杂的强制连接关系,管网基础数据准备的难度和工作量较大。例如,给水管网的分支线必须通过分支接头和主干管线连接,不同管径的管段须通过变径接头连接,高压管线和低压管线须通过减压器连接;配电网进入小区用户需要通过变压器连接,主干线和分支线需要通过分支箱连接;排水系统中不同管径和污水性质的管线连接,对埋深、标高、连接检查井的处理均有明确规定。

2)多重属性表达

城市管网构成的城市资源供排网络,同一管线经常具有多重属性的表现。例如,雨水、污水合流的城市排水系统,排污管线既是城市雨水系统的管线,又是城市污水系统的管线,一段管线属于两个系统共有。城市配电系统的供电线路可能既属于一条支线又属于另一条支线,所属支线与配电线路的实时运行状态有关。现有的 GIS 模型难以从根本上解决管网的多重属性表达问题。

3)多系统集成

城市管网信息系统应与管理信息系统、办公系统、用户信息系统等集成使用,将 GIS 作为主管部门日常管理的基础平台,在其上进行资料管理、业扩收费、事故抢修方案快速制定、地理信息服务等,使 GIS 成为管理部门整个信息岛的核心,确保城市管网高效、稳定运行。

4)实时参数显示,辅助决策

城市管网的隐蔽性、复杂性特点使管网实时运行工况难以测量,城市管理信息系统能够清晰显示管网的位置、压力、流量、功率、负荷状态等信息。一旦事故发生,能及时锁定位置、分析原因并生成合理有效的抢修预案,解决人工制订方案的不确定性、随机性、随意性的弊端(牟乃夏,2006)。

(二)城市管网信息系统的发展

1. 城市管网信息系统发展现状

20 世纪 80 年代,随着计算机技术的发展和 GIS 技术的成熟及其在实际中的成功运用,城

市管网管理中逐渐引入了 GIS 技术。如 Lincoln Electric 公司运用 GIS 技术，建立了 Lincoln Electric System 系统，对电力线路进行综合管理。1985 年法国 CEP 供水服务公司集合 CAD 软件和 GIS 技术，建立了包括管道长度、接点、公共设施、用户信息等内容在内的城市供水信息系统。这个阶段的城市管网信息系统功能比较简单，以资料存储管理为主。而随着城市管网线性网络的数据结构、多系统的数据集成等方面研究的不断成熟，专门针对城市管网管理特点和实际应用的平台软件和分析模块被应用于城市管网信息系统建设中。如 Usery(1996)提出了基于特征的 GIS 模型，将地理实体作为地理建模的基本单元，将某一条配电管线作为一个特征，使查询、分析、制图和网络表达更加方便。进入 21 世纪以来，信息化的飞速发展和城市功能的完善，城市管网信息系统的建设全面铺开。

目前，国外建立了许多大型的 GIS 系统。美国洛杉矶市启动了一项污水管道检修项目，市政工程局通过闭路电视探测其主干排污管道，然后利用软件和管道系统数据库来确定哪些管道最有可能损坏，从而制定了三年的管道检修计划。新加坡利用 GIS 技术建立地下管网管理系统，以提供电力设施部门所需的电线追踪和其他分析功能。美国、加拿大等发达国家的石油公司也都建立了石油管道信息系统（刘洋，2011）。韩国电力公司 KEPCO 使用 ESRI 平台和 Miner & Miner 公司合作建立了综合的输配电管理系统，对相关核电、火电和水电厂的用户进行管理。世界最大的自来水公司之一，英国的 Servern Trent Water 公司建立了以 GIS 为核心信息系统的综合管理调度系统，以管理城市供水、污水处理、输配水管道和用户等管网信息。美国 Reliant Energy 公司建立了一个在同一平台上管理电力和煤气的综合信息系统，实现了统一地理模型、统一数据存储，从而满足不同部门需求的一体化解决方案（牟乃夏，2006）。

我国自 20 世纪 80 年代开始研究建立城市地下管网信息管理系统，既有建立在城市规划管理部门的综合管网信息系统，也有专业管线主管部门与企业建立的详细的专业管线信息系统。目前，我国的北京、宁波、厦门、常州、广州等多个城市已建立城市地下管线信息管理系统，更多的城市建立了单一专业的地下管线信息管理系统。据不完全统计，到 2006 年为止，全国约有 30% 的城市开展了城市地下管线信息化工作，仍有近 70% 的城市还没有整体或全面开展地下管线信息化工作，特别是中等城市和小城市差距更大（表 6-1）。此外，中西部省份城市开展地下管线信息化工作的比例更低。

表 6-1 我国信息化建设现状（截至 2006 年）

城市类型和数量		项目	城市个数	所占比例
直辖市和省会城市		地下管线普查	18	58%
		信息系统建设	7	23%
GDP 排名前 30 位城市		信息系统建设	25	83%
各省 GDP 排名靠前的地级以上城市	东部 96 个	已经开展城市地下管线普查和系统建设工作	56	58%
	西部 51 个		17	33%

数据来源：林广元，《我国城市地下管线行业现状与发展前景展望》，2012 年；http://wenku.baidu.com/link?url=5r_i7r38zSqDF0-cQlWqSBp64UHeXmPKAMGgnKk4u-FYkYdzgltG5btIFz6x0WyiV5O2VI6zhomyPhFvrSoa8SCsMZVB-Vl8Kx_tI5HtbW7。

如广州市于 20 世纪 90 年代中期在国内首先提出一套"探测与辅助成图内外一体化作业，同步建库和动态管理"的管线普查技术方案，并以 GIS 技术为支撑，研制开发了广州市地下管线信息系统，为实现城市地下管线动态管理提供了技术保障，具有很高的先进性和科学性（刘洋，2005）。北京市以工作站的 ARC/INFO 为支持，以竣工测量表格化结果为主要数据，结合数字化地图，构建了城市管网信息查询与输出系统。但是国内城市管网 GIS 应用规模普遍偏小，基本上是地市级和县级规模的应用，GIS 本身的优势不明显。国内电力部门应用 GIS 时间较长，用户数量最多，智能化程度最高，目前基本上地市级电力部门均有 GIS 系统，部分建立了以 GIS 为主的综合管理调度系统。

2. 城市管网信息系统建设存在问题

1）缺乏标准化、规范化的基础数据

由于缺乏国家或行业层面的统一的管网信息系统和数据库建设标准，再加上不同地区信息化程度不同，城市管网数据数字化和属性化程度也存在差异，造成管网空间数据和元数据标准不一致，尤其是管网的空间属性数据结构和拓扑结构。城市管网信息系统缺乏标准化和规范化的基础数据，直接影响了管网信息系统的功能发挥和资源数据共享。

2）GIS 技术与行业标准结合不紧密

城市管网信息系统建设过程中，GIS 技术和具体行业模型、规则、规程融合不紧密，系统和用户其他信息系统割裂，信息交换不畅，数据交换困难，地理数据没有成为一切业务流程的基本数据，系统功能难以充分发挥（牟乃夏，2006）。

3）多系统集成程度低

受数据通用性和城市管理体制的限制，城市管网信息系统与城市地理信息系统、规划信息系统、办公系统等其他系统集成程度不高，导致管网信息系统往往独立于城市管理信息系统，不能及时有效地发挥系统功能，为政府部门提供辅助决策。

3. 城市管网信息系统发展趋势

1）多系统集成发展

城市管网信息系统与 GIS、GPS、DPS（数据处理系统）、MIS（管理信息系统）、CIS（用户信息系统）、OA（办公系统）等系统结合使用，能够更好地发挥城市管网信息系统的功能，在确保城市管网正常运行的前提下，为部门管理和政府决策提供参考。

2）由二维向多维动态方向发展

随着城镇基础设施的建设和功能的完善，城市管网日益复杂化，二维的存储、分析以及表示方法将难以满足城市管网信息系统建设需求。三维可视化、虚拟现实技术、多媒体技术等将在城市管网信息系统建设和发展中得到广泛运用。

3）网络城市管网信息系统

GIS 与互联网技术结合构建城市管网信息系统可有效拓展工作站点的分布区域，使 Internet 用户可以从任意一个节点上浏览 GIS 站点中的空间数据、专题图以及进行各种空间检索和空间分析，使系统真正成为信息社会的空间信息传媒和分析决策工具（朱顺痣，2007）。

4）智能化发展

随着大数据、物联网和云平台技术的成熟，使得智慧化发展在管网信息系统中得到了充分体现。特别是管网泄漏问题的监测与自动化处理（Seddiq et al, 2013；Perez et al, 2014；

Faizuddin et al,2015),这些技术的发展使得城市管网信息系统功能建设可以不断满足用户的需求,提高城市管网信息系统的服务水平,这是城市管网信息系统发展的一个重要趋势。

二、广州市地下管网信息系统基本建设实例

(一)系统建设概述

1. 系统建设背景

广州市自1995年就开展了地下管线普查,1997年开始实施管线规划竣工测量,并同步更新管线信息,是国内最早开展地下管线普查的城市之一。目前广州市已建立了包括给水、排水、燃气、电力、通信、热力、工业、石油、综合管沟、垃圾真空十大类,总长约 2.3×10^4 km 的地下综合管线数据库,并同步建立了管线信息系统(张鹏程等,2014)。但随着城市管网的复杂化和管理要求的提高,广州市地下管线管理系统存在数据库更新慢、可视化能力差、信息无法共享与交换等问题。为此,广州市规划局于2013年组织开展了广州市地下管线管理平台项目。

2. 系统建设目标

平台的总体目标就是创建具有广州特色的"2、6、1"地下管线智能化管理模式:"2"是指管线智能化综合管理和管线档案管理两大软件平台;"6"是指六个专业管线数据库与接口;"1"是指一套完善的法律法规、技术标准和规范制度。系统总体建设目标如图6-1所示。

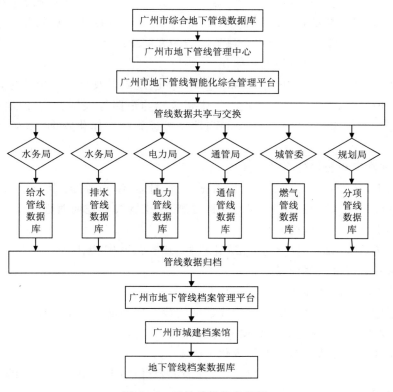

图 6-1 系统建设任务框架

3. 系统建设框架

围绕上述目标,平台建设任务为:①建设广州市地下管线智能化综合管理平台,实现管线信息管理的智能化;②建设广州市地下管线档案管理平台,实现管线档案管理的智能化;③开展管线信息数据库的建设,建立现势兼容的全市域、全专业的地下管线数据库;④完善法规,规范管线信息化管理,建立完善管理制度。广州市地下管线智能化综合管理平台建设框架包含七大管理系统:管线数据监理与入库系统、管线数据动态更新系统、数据管理与可视化系统、管线数据决策支持系统、管线三维管理系统、管线数据共享交换系统、重点管线保护系统(张鹏程等,2014),如图 6-2 所示。

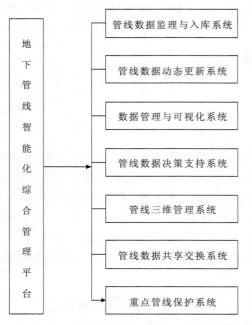

图 6-2 广州市地下管线智能化综合管理平台

4. 系统功能特色

1)重点管线安全保护区域展示的智能化

重点管线保护系统具有重点管线查询浏览、统计分析、安全保护区域展示/管理、辅助规划管理、条例办法查阅等功能,该功能结合 GIS 的空间分析与叠加分析功能,实现了对西江供水、石油、燃气、地铁等重要管线及安全保护区域的智能化展示。

2)地上、地表、地下空间设施的一体化

广州市从三维浏览、查询、统计、分析、量算、标注、规划以及与二维管线的集成等方面设计了管线三维管理系统,实现了广州市地上三维建筑物与道路等模型、地表的地形地貌模型、地下的综合管线三维模型(约 2.3×10^4 km)与地铁等设施的一体化查询、浏览、统计、分析等功能。

3)二维、三维管线数据的自动化建模

数据层面上,基于同一套的二维管线数据,通过材质、编码、特征、附属物等映射设置,自动化实现三维管线建模;功能层面上,同时支持二维、三维管线的查询浏览、统计分析等。

4)多种类别管线三维建模的自动化

除支持传统管线(排水、给水等)三维建模外,还支持共同沟、竖管、多管、综合管沟、地铁、电力隧道等多种管线的三维建模。

5)管线数据检查的智能化和可定制化

管线数据监理与入库系统能够对管线数据的检查规则进行定制与操作,实现管点数据、管线数据、管点线间拓扑关系等管线数据的智能化检查。

6)综合管线和专业管线数据的集成化

平台支持普查、竣工、其他权属单位(如自来水公司、污水公司、燃气公司等)管线数据的智能化调用和集成。

7)共享交换支持数据、系统、多层级的应用通过划分市规划局、其他管线权属单位、公共用户等几个层次,提供跨部门、跨网络、跨平台的管线数据共享服务。管线数据与角色权限关联,不同的用户控制访问不同的管线数据。

8)智能化管理平台与档案平台的关联

将智能化综合管理平台与管线档案管理平台相结合,支持档案项目级、案卷级、目录级间的关联、档案属性与档案实体的关联以及管线档案与GIS图形(管线点、线)的关联。

(二)系统概要设计

1. 管线相关的数据标准制定

根据2010年广州市规划局《广州市地下管线探测技术规程》修编的要求,总结15年来广州地区地下管线普查与竣工测量的实践经验,在广泛调查研究和吸取国内其他城市经验的基础之上,修订《广州市地下管线探测技术规程》(2013),对综合管线数据的分类、分级代码、颜色、数据分层、属性结构、符号等做出标准要求,为地下管网信息系统数据采集与录入奠定基础。

2. 管线及相关数据库建设

1)综合管线数据库

采用Esri的GeoDataBase空间数据库模型,对广州市规划局自1995年以来普查与竣工验收的约$2.3×10^4$km的综合管线数据(图6-3),进行了迁移、概化处理与建库,并同步建立了三维管线模型。综合管线数据库包括管线分类、代码、颜色、数据分层、符号和属性结构等内容,数据标准严格遵循《广州市地下管线探测技术规程》(2013)。以属性结构为例,管线点属性包括唯一识别码、图上点号、管线类型、管线分级、管线点代码、特征点、附属物、X坐标、Y坐标、地面高程、最高管顶高程、最低管底高程、入库时间、更新时间等36个属性;管线线属性包括唯一识别码、管线编号、起点号、终点号、管线类型、子类型、分级、代码、材料、起点管顶高程、终点管顶高程、起点管底高程、终点管底高程、管径、断面尺寸、起点埋深、终点埋深、更新时间等38个属性。

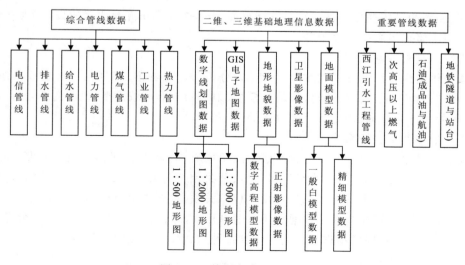

图6-3 数据库建设内容图

2)重要管线数据库

按照《广东省西江广州引水工程管理办法》《广州市城市轨道交通管理条例》《广州市油气管道设施保护试行办法》等相关的管理规定,基于管线竣工验收数据,完成了包括约 42km 的西江供水工程管线、139km 的燃气管线(次高压以上)、149km 的石油(航油和成品油)和 204km 的地铁隧道和站台等重要管线数据的收集、整理和建库,并同步建立了重要管线的三维数据模型,为重要管线保护管理系统提供了重要的数据基础。

3)二维、三维基础地理信息数据库

二维、三维基础地理信息数据库包括 GIS 电子地图数据库、卫星影像数据建库、数字线划图数据建库、地形地貌三维模型建库、三维建筑物模型数据建库等。其中,GIS 电子地图数据库涵盖了不同比例尺地图数据;数字线划图数据建库包括 1:500、1:2000、1:5000 全要素数字线划图数据;卫星影像数据库和地形地貌三维模型数据库均覆盖了全市域,分辨率均为 0.2m;三维建筑物模型数据建库实现了约 4000km^2 的建筑物三维白模和中心城区约 300km^2 的建筑物精细模型建库。

3. 各管理系统主要功能

1)管线数据监理与入库系统

管线数据监理与入库系统通过对管点数据正确性检查、管线数据正确性检查、管点线间拓扑关系检查、检查规则定制与操作等功能的设计开发,建立数据监理与入库系统。

2)管线数据动态更新系统

管线数据动态更新系统主要是针对管线普查数据、竣工验收数据,实现数据的入库更新,从而确保管线数据的现势性,同时支持版本管理、数据库备份与恢复等功能。

3)数据管理与可视化系统

管线数据管理与可视化系统包括管线符号化、数据管理、查询浏览、统计分析,提供空间分析等功能的开发设计。

4)管线数据决策支持系统

管线数据决策支持系统开发内容包括管线纵横断面分析、道路开挖分析、净距分析、区域分析、抢险和缓冲等拓扑分析以及针对管网材质寿命的预警分析等功能的设计,为管线建设、维护和部门决策提供数据支撑服务。

5)管线三维管理系统

管线三维管理系统开发了三维浏览、查询、分析、量算、标准、规划与二维管线系统集成等功能,实现广州市地上三维建筑物、道路等模型、地表的地形地貌模型、地下的综合管线三维模型、地铁等的一体化查询、浏览、统计、分析等。

6)管线数据共享交换系统

管线数据共享交换系统开发了管线数据展示中心、管理中心、服务中心、运维中心等功能模块。通过划分市规划局、其他管线权属单位、公共用户等几个层次,提供跨部门、跨网络、跨平台的管线数据共享服务。管线数据与角色权限关联,不同的用户控制访问不同的管线数据。GIS 电子图、影像图、管线图幅元数据对任意用户开放,综合管线数据对权属单位分专业开放,对公共用户不开放,只提供用户关心范围内管线种类、管线长度等数据。

7)重点管线保护系统

重点管线保护系统是在上述四类重要管线数据库的基础上,依据相关管理条例、办法及法规等,分别在二维、三维管线系统中开发的重要管线查询浏览、统计分析、安全保护区域展示/管理、辅助规划管理、条例办法查阅等功能。

(三)地下管线管理模式创新

城市地下管线被称为城市的"生命线",若管理不善,势必对城市安全构成巨大威胁。目前,广州市城区每年新建、改建的各类管线总长近1000km,涉及权属单位近30家。由于产权单位过多,权属部门各异,在管线建设方面的要求不同,管线的设计和布局自行决定,建设和管理存在无序化倾向,协调性较差。特别是石油管道,广州生产储存石油的企业有20多家,地下管道达450多千米,管理任务艰巨。为此,广州市以地下管线智能化的组织管理和地下管线档案管理为平台,创新城市地下管线管理模式,推动管线信息化管理。

具体来说就是广州市"2、6、1"地下管线管理新模式。在组织架构上除了明确管线领导小组及办公室外,专门成立了责、权、利统一的,更加高效的城市地下管线信息管理中心。管线信息管理中心具体职能为:负责组织制定地下管线信息技术标准、业务规范及作业规程;负责组织和协调全市地下管线的普查工作;负责全市各类新建、改建、扩建地下管线工程的竣工测量;负责地下管线信息系统的建设、维护及信息共享工作;实现对全市地下管线信息资源集中统一管理、共建共享,为城市规划、建设和管理提供可靠、准确、高效的信息服务。

三、实验练习

(一)了解城市地下管线信息化建设现状

实验要求:请阅读下面的新闻(新闻来源于:"Esri 中国"微信平台,2015-11-27),在广泛查阅文献的基础上整理以下问题。

(1)我国城市地下管线信息化建设规划具体包括哪些内容?

(2)GIS 在地下管线信息化建设中的作用有哪些?

2015年11月23—25日,2015国际地下管线展览会在北京国家会议中心成功召开。此次展会由中国城市规划协会地下管线专业委员会和商务部经济技术交流中心联合主办,展览面积近7000m^2,展商逾120家,共有来自全国的1500余位关注城市地下管线普查、地下综合管廊、海绵城市建设等领域的业内人士参加了展览会。Esri中国作为GIS平台厂商的代表应邀出席。

城市地下管线问题与百姓的生活息息相关。近年来,国内一些城市相继发生的大雨内涝、管线泄漏爆炸、路面塌陷等事件,严重影响了人们的生命财产安全和城市运行秩序。当前,国家已经把解决此类问题上升到明确要求、明确时间的层面。在2014年印发的《国务院办公厅关于加强城市地下管线建设管理的指导意见》明确规定:2015年底前,完成城市地下管线普查,建立综合管理信息系统,编制完成地下管线综合规划;力争用5年时间,完成城市地下老旧管网改造,将管网漏失率控制在国家标准以内,显著降低管网事故率,避免重大事故发生。

以空间信息为基础和核心的GIS技术,已广泛应用于各地市政综合管网和专业管网的建设与管理中,并逐渐成为智慧城市建设的重要支撑技术。在此次展会上,也不乏测绘地理信息企业的身影,从Esri中国领衔的GIS平台厂商,到华测、南方测绘等测绘龙头企业,以及厦门精图、绘宇智能等开发厂商共数十家企业均携各自的先进技术、产品、解决方案齐齐亮相。

来自 Esri 中国信息技术有限公司的高级应用咨询师任志峰指出,GIS 技术已经在地下管线的监测、运维、巡检、管理等方面发挥着重要的作用。管网单位有着各种信息来源,通过 ArcGIS 地理平台,可以让这些信息的生产者、使用者以及决策者随时随地按需访问。而且地理平台可以让单位内部不同部门的人员通过地图方便地获取不同部门的信息,比如,财务人员可以获得资产数据,领导可以获得实时运营数据或呼叫中心投诉数据等。这种新一代 Web-GIS 的理念和模式,将更好地服务于地下管线建设。

据任志峰介绍,当前基于地理平台的管线应用,已在城市雨水管网设计与评价、城市洪涝模拟与内涝敏感点识别、城镇排水管网运营与应急管理、实时数据的实时输出等领域进行了深入开展。

(二)理解规范在管线信息化建设中的重要性

实验要求:请查阅《城市基础地理信息系统技术规范》(CJJ 100—2004)最新版本,并阅读其中对于城市综合管线数据的规定。在广泛查阅文献的基础上整理以下问题。

(1)城市地下管线信息化建设过程中还存在哪些主要规范?概述各规范的主要内容。

(2)若不存在全国统一的管线信息化建设相关规范,将导致哪些问题?

(三)了解先进技术对城市地下管线管理与维护的影响

实验要求:请观看《ArcGIS 平台如何为用户节省 3 千万美元》视频(视频来源:"Esri 中国"微信平台,2016-04-06),也可以访问腾讯视频网站,在广泛查阅文献的基础上整理以下问题。

(1)概述 GIS 技术、移动网络技术、物联网技术等在国内外城市地下管线信息化管理中的应用现状。

(2)请基于查找的信息设计调查内容,实地调查你所在城市某一区城市综合管理部门,了解该区地下管线信息化建设现状,并基于调查,以"提出问题—分析问题—解决问题"思路撰写调研报告。

案例2 城市规划管理信息系统建设案例

随着移动网络的普及,使得城市规划部门从纸质化办公转向了基于计算机的办公继而转向基于手机和计算机的综合模式的办公,极大地提高了工作效率,且增强了信息的对称性,提高了服务水平。本案例首先概述了城市规划管理信息系统的概念、特征、发展现状及趋势和城市规划管理信息系统建设存在的问题,然后以"北京数字规管 2010"为例,从数字规管的概念、系统总体架构、系统设计、各子系统功能简介等方面概述城市规划管理信息系统建设的基本思想。

一、城市规划管理信息系统建设研究现状

(一)城市规划管理信息系统概念

1. 城市规划管理信息系统定义

城市规划管理信息系统(Urban Planning and Management Information System,UPMIS)

是以城市规划实施管理流程为主线,为满足城市规划管理信息化需求而构建的Office GIS应用系统,用于实现城市规划管理业务的网络化协同工作和图文表数据资料的一体化集成管理(孙毅中,2011)。城市规划管理信息系统以 GIS 软件为平台,以辅助城市规划管理、决策和规划设计为主要目的,以城市规划设计与规划管理为内容,是城市地理信息系统的重要组成部分。城市规划管理信息系统的建设和使用提升了城市规划管理部门的管理效率,促进了城市规划管理行业的业务能力,已成为各地城市规划部门实现办公自动化、管理信息化和决策科学化的现实选择。

2. 城市规划管理信息系统特征

城市规划管理信息系统是 GIS 技术在城市规划管理中的重要应用,涉及到城市规划编制、规划审批、规划管理以及环境、交通、产业、人口等综合信息管理等内容,数据量大、结构复杂,与一般管理信息系统相比,具有以下特点。

(1)数据量大、结构复杂:城市规划管理涉及众多领域与部门,系统数据由多时空、多尺度、多源性的海量空间数据整体集成,数据量巨大,结构十分复杂。

(2)管理规范:城市规划管理信息系统严格参照相关法律法规和行业标准建设,贴近规划管理的规范化流程。

(3)技术先进:运用先进的 GIS 技术、分布式计算以及 Web 技术对海量数据处理和传输,实现图文表一体化管理。

(4)服务社会:城市规划管理信息系统设计的目的是支持城市规划的管理、分析与决策,为城市建设项目选址分析、旧城改造和拆迁分析、道路拓宽分析等城市规划建设提供辅助决策分析(姚永玲,2005),同时为市民提供相关咨询服务。

(5)开放性和可扩展性:城市规划管理信息系统与数据基础设施、电子政务、城市综合管理等都是"数字城市"的有机组成部分,系统之间必须具有开放性和扩展性接口,达到数据共享和数据服务(王佐成等,2006)。

(二)城市规划管理信息系统发展历程

国外的城市规划管理信息系统研究最早开始于 20 世纪 70 年代,将计算机和办公信息系统软件相结合,应用于城市规划管理中。该阶段规划管理系统主要以大型计算机为硬件平台,以相关办公信息系统软件为辅助,建立城市信息数据库,系统功能比较简单,但系统建设成本较高,没有被普及。

20 世纪 80 年代,计算机技术和地理信息技术飞速发展,硬件平台、软件系统、数据存储等取得了突破性进展,是城市规划管理系统大发展时期。该阶段 GIS 技术逐渐成熟,基于 GIS 的城市规划管理系统在城市管理中得到推广应用。

20 世纪 90 年代,地理信息系统的多样化、硬件平台工作站的迅速普及、微机服务器的出现,以及服务器/客户器网络平台和网络视窗工作平台(Windows NT)的应用,使办公信息系统日趋成熟,城市 GIS 用户开始向微机平台转移,应用范围开始打破成本界限而不断扩展。

20 世纪 90 年代中期,计算机硬件的性能迅速提高,价格则不断走低,GIS 软件的功能不断加强,面向对象技术、COM/DCOM 技术、Internet/Intranet 技术、网络技术日趋成熟(王振波等,2009),地理信息系统的发展已经影响了城市管理部门的运行方式、设置与工作计划,政府和社会对地理信息系统的了解加深,需求也大幅增加,城市规划管理信息系统在城市规划、建设与管理的实际工作中取得了显著效益,成为重要的城市管理工具。

进入21世纪,GIS向大众化方向发展,技术开发、技术服务市场中,专业性应用所占份额变小,专业性应用对GIS发展的影响变弱,GIS已成为专业规划师的标准工具,脱离GIS的城市规划编制、规划管理几乎不再存在[①]。目前,美国、日本、澳大利亚等许多国家都建立了运行成熟的城市规划管理信息系统,并广泛地应用于城市管理、城市规划、工程建设、公共服务和动态监测等方面。

我国城市规划管理信息系统起步于20世纪80年代,由当时的地质矿产部、城市建设环境保护部和北京市政府联合开展了"北京航空遥感综合调查"工程项目,探索如何利用遥感影像辅助城市规划问题,随后计算机技术和遥感技术的结合在城镇规划建设和管理方面得到了广泛使用。1989年利用世界银行贷款,我国在常州,洛阳和沙市三个中等城市进行城市规划与管理信息系统子系统的研究探索和建设,取得了很好的效果(臧露,2013)。进入20世纪90年代,随着经济的飞速发展和城市化的推进,沿海开放城市加大了城市地理信息系统建设投入,推进新技术在部门管理中的应用,深圳、广州等城市地理信息系统开始在城市规划管理业务中得到应用,并得到良好的效益。随后,全国规划部门在基础设施信息化、规划设计信息化、规划管理信息化、规划监管信息化、规划参与信息化等方面也取得了迅速发展(王振波等,2009)。进入21世纪,随着GIS逐步推广与应用,我国城市规划中也越来越多地使用GIS技术和工具,并设置了专门的规划教育课程,以应对城市规划管理的多样化、复杂化、动态化需求。但是与西方发达国家相比,除部分领域有自己的特色,整体应用水平依然落后。例如:数据供应作为基础设施,离应用的需求差距甚远,GIS专业过分依赖测绘、地图学专业,在社会、经济、人文领域的应用偏弱[①]。

总的来看,城市规划管理信息系统在我国的产生和发展可以概括为以下几个阶段。

(1)原始阶段。城市规划管理信息系统主要集成简单的办公自动化技术,进行文档管理、辅助办公,对城市规划中的问题分析评价与科学决策提供了一定依据。

(2)初级阶段。系统采用跨平台开发方式,系统功能以图形操作为主,将办文审批的案卷内容作为图形的属性来管理,并通过一定的编码将图形系统与案卷的处理结合在一起(胡玲,2006)。

(3)发展阶段。城市规划管理信息系统用关系数据库管理文档,用商业化GIS软件管理图形数据,用"控制流"和"数据流"来表达系统的执行过程和对图文数据的操作与控制,将图文数据管理与业务处理合为一体,实现图文同步流转(胡玲,2006)。

(4)提升阶段。随着面向对象技术发展,系统建设逐步实现了用户定制、积木搭建。

(5)完善阶段。综合运用城市信息,完善城市规划管理信息系统辅助决策建设,系统向智能化、动态化、科学化、标准化方向发展(王振波等,2009)。

(三)城市规划管理信息系统发展趋势

1. 多系统集成发展

多系统集成是城市规划管理信息系统发展的趋势,主要表现为信息数据向着一张图一个

[①] 宋小冬,钮心毅. 城市规划中GIS应用历程与趋势术——中美差异及展望. 城市规划,2010,34(10):23-29.

网页集成,办公系统由单一系统向计算机、OA、GIS、CAD、MIS、VR等多系统集成,硬件系统和软件系统深度结合。

2. 交互式信息共享平台成为趋势

随着城市化和区域一体化的发展,信息共享成为城市管理的必然,城市规划综合信息为城市相关部门和市民参与公共决策提供了可能。建立规范化、标准化的信息分类及编码,实现城市规划管理程序化、规范化、数字化、统一化、科学化的跨部门、跨行业的交互式信息共享平台是城市规划管理信息系统发展的趋势(王振波等,2009)。

3. 虚拟现实平台广泛应用

三维可视化技术与虚拟现实技术的结合是城市规划管理信息系统发展的必然趋势。基于计算机图形和多媒体技术集成的虚拟现实技术(VR)将在我国城市规划管理中得到广泛应用,用于实现城市形态跟踪、模拟、预测及调整(王振波等,2009)。

4. 信息实时更新技术飞速发展

城市规划管理信息系统需要不断更新数据库,保证规划信息的准确性与现势性。计算机、GIS、RS、GPS、Internet、VR等技术不断发展将使信息实时更新技术得到飞速发展,扩大城市规划管理信息系统的数据源,拓展城市勘测、业务管理、竣工测量及相关行业的信息量,实现规划系统信息采集、存储、编辑和实时更新(王振波等,2009)。

5. 信息技术法制体系逐步建立

城市规划管理信息系统能够为城市信息化管理、程序化业务处理、科学化决策等提供平台,但是在城市规划控制、监督、考核、问责等管理机制和体制上还无法完成对接,一定程度上影响了城市规划管理信息系统的推广使用。这些问题将通过逐步建立信息技术法制体系,尤其是城市规划管理信息化、程序化法律法规体系,来维持城市规划管理信息系统高效、持续运行。

(四)城市规划管理信息系统存在问题

1. 系统缺乏统一规划与管理

我国政府层面只是鼓励城市规划管理信息化建设,没有形成专门的政策和法规。城市规划管理信息系统的建设与发展是一种自下而上的发展模式,各地因需求而建设,没有统一的规划和管理程序,建设目标不明确,造成建设无序、标准不一、管理混乱等问题。而有些地区由于资金、技术、管理等因素限制,尚未意识到城市规划管理信息系统在城市管理中的重要性,系统建设成功后疏于管理、缺乏维护,系统运行效率不高。

2. 系统设计不合理,集成能力弱

原有城市规划管理信息系统在结构和功能设计时多与其他信息系统相互独立,结构不匹配,功能不完善,数据关联性差,业务信息传递不畅,系统设计不合理。目前系统在图文一体化、硬件和软件、信息共享与保密等内容上的集成能力比较弱,技术对接、模块研发、平台更新等都存在瓶颈。另外,数字城市、虚拟现实、WebGIS等技术发展迅速,城市规划管理系统与这些新技术的结合还不够,系统功能设计还有待完善。

3. 数据缺乏标准,信息共享受限

各地城市规划管理信息系统数据源和数据类型多样化,缺乏统一的空间数据标准和行业规范,数据在格式、结构、属性字段等方面存在差异,同时各城市规划管理信息系统建设水平和技术标准参差不齐,数据采集和编辑处理手段也存在较大差异,从而导致了规划系统无法完成跨区域、跨行业多系统集成和信息共享。另外,目前保障数据安全性和保密性的技术手段还不够成熟,也限制了城市规划管理信息在政府部门、企事业单位和市民之间的应用与共享。

4. 数据更新不及时、现势性差

城市的快速发展、规划的频繁调整、计算机技术革新等因素给城市规划管理信息系统的数据更新带来了困难。许多城市系统引进新技术和平台,数据结构和属性也日益复杂,系统经济社会数据老化,数据维护更新不及时,造成数据的现势性差。

5. 缺少辅助决策支持系统

数字化、智能化城市要求城市规划管理信息系统不仅能提供基础数据分析,还要能够通过多源信息分析作出科学决策。目前运行的城市规划系统主要功能是为城市日常管理服务,在辅助决策方面还存在不足,城市规划决策主要还是依靠管理人员经验进行,影响了城市规划管理工作的科学性和合理性(臧露,2013)。

二、北京数字规管 2010 基本设计与实现实例[①]

(一)数字规管概念

数字规管即城市数字规划管理信息系统,是面向数字规划未来发展方向,实现 MIS/GIS/CAD/OA 一体化、业务流程与空间数据一体化、网络技术与移动终端应用一体化的新一代城市规划业务全过程管理平台。"北京数字规管 2010"指北京城市规划管理信息系统第八代。

(二)系统总体架构

"北京数字规管 2010"总体架构由应用层、服务层、数据管理层、基础数据层等组成。其中,基础数据层由基础类空间数据库、规划类空间数据库、业务类数据库、文档资料数据库和其他综合类数据库等组成,数据管理层主要实现矢量空间数据管理、元数据管理、业务数据维护管理、控制测量成果管理、综合管线管理、地名库管理、三维模型管理等功能,服务层提供空间数据目录、影像数据、高程模型、矢量空间数据、三维空间数据、业务应用等服务功能,应用层可以实现规划编制与成果管理、业务审批、综合管线管理、行政办公、会议管理、三位辅助决策、网上服务等功能设计[②],具体见图 6-4 所示。

(三)系统设计

1. 系统体系设计

"北京数字规管 2010"采用全新的 B/S 架构,采用 FLEX、AJAX、XMPP、SSO、DSS 等诸多先进技术,支持 Oracle、Mysql、SQL server 等多类数据库,且不同数据库之间可以相互移植。"北京

---

① 北京市建设数字科技股份有限公司市场部,http://www.consmation.com/product.asp? id={B7FD8BE3-4F1E-4BA6-8A86-04C878442E81}#section2,发布时间:2010/11/16 17:21:39.
② 臧露.城市规划管理信息系统的设计与实现.南昌:东华理工大学,2013.

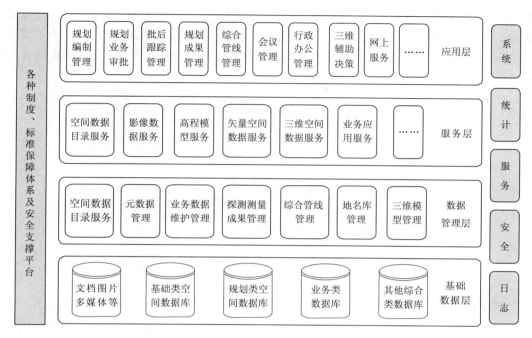

图 6-4 "北京数字规管 2010"总体架构

数字规管 2010"与其他系统平台之间的接口采用标准化的 Web Services 模式,可以通过定制或模块化的应用,为其他平台和应用程序提供数据与服务,相比传统模式更加安全和高效。开放的系统体系设计,满足了用户管理要求、数据的共享以及标准化可定制应用开发等功能。

2. 系统办公设计

为满足办公需求,"北京数字规管 2010"系统将多种系统功能模块集成,与 MIS、GIS、CAD、OA 等系统无缝对接与应用,建立高效简便的综合信息管理平台。在系统办公功能设计上,满足一对多批转、联合办公、项目树管理等办公要求,开发设计业务审批、图形查询、即时通讯等功能,支持移动办公,方便领导对紧急项目的审批。在系统界面设计上,突显人性化设计,界面简洁直观友好,新用户能够很容易很方便地使用系统,进行日常办公管理。

3. 数据管理设计

"北京数字规管 2010"系统数据管理设计更加智能化,开发多种灵活的查询方式和统计功能,图文表数据输出一体化,提供智能接件、电子报批、工作量报表、绩效统计、即时通讯等功能。

4. 系统运维设计

系统采用 B/S 架构,集成先进的即时通信与运维管理技术,系统使用与管理人员能够通过简单的操作来完成系统的各项应用搭建、扩展和维护工作,管理服务器的各项服务和功能,来监控是否运行正常,分析系统资源使用状况,向系统管理人员汇报各类服务和系统的运行情况,让维护管理变得更加轻松。

(四)各子系统简介

"北京数字规管 2010"应用系统包括行政办公子系统、电子报批子系统、网上信息发布子系统、业务审批子系统、会议管理子系统、手机短信发布子系统、GIS图形分析子系统、规划编制管理子系统、公共接口子系统、CAD绘图编辑子系统、成果管理子系统、应用维护子系统等（图6-5），各子系统共同组成了"北京数字规管2010"综合信息管理平台，为城市规划管理提供数字化支撑与服务。

图6-5 "北京数字规管2010"应用系统

1. 规划编制管理子系统

实现对城乡总体规划、分区规划、详细规划、专业专项规划、城市设计等编制过程的管理，包括征求部门意见、专家评审、报批、备案、规划调整和修编等各阶段管理，以及各类规划中间成果的修改、编制过程数据的管理等。

2. 成果管理子系统

该系统整理归纳规划数据（包括规划文本、图片）、一书三证审批范围数据的叠加显示和分层浏览；提供空间查询、属性查询，以及两者的联合查询；提供数据更新以及数据输出功能。

3. 业务审批子系统

"北京数字规管2010"的业务审批子系统实现了规划管理部门日常行政审批的电子化办公。系统的电子化办公主要表现在：系统自动根据业务审批流程，通过简单的鼠标点击和必要的文字输入，完成审批工作；以流程管理为主线，实现承诺制工作时效的控制；对所有办理案件实行全局跟踪管理，具有直观的时限提醒，对各办案环节中接近办案周期时间仍未办理完的案件发出催办通知；通过项目树的管理方式，直观地查看项目各审批环节信息；提供多种灵活的查询方式和统计功能。

4. GIS图形分析子系统

GIS图形管理系统提供以GIS图形为基础的图形资源综合查询和分析应用。包括地图定位、图层配置、信息查询、工作场景设置、数据查询、图形统计、图形数据输出等功能。

5. CAD绘图编辑子系统

"北京数字规管2010"提供了以CAD图形为基础的图形资源综合查询与编辑功能。系统直接调用AutoCAD环境进行GIS图形、CAD图形的编辑和存取，确保业务人员能够以便捷的方法完成日常的图形查询与绘制工作。

6. 成果管理子系统

该子系统除了可实现规划成果数据的叠合、调阅、查询、打印、数据管理、任意选中范围制图输出等基本的 GIS 功能,还可以方便地按空间范围对规划数据进行快速检索,查询规划数据的元数据信息,以及对规划专题数据库中数据进行编辑、图文互查等专题应用功能。

7. 规划监督子系统

规划监督子系统包含业务办理时效监察、规划案件办理信息监督和规划建设动态监管三部分功能。业务办理时效监察、规划案件办理信息监督功能与规划业务审批子系统中介绍的功能相同。

8. 应用维护子系统

系统管理员利用维护子系统在不依赖开发单位、不需了解技术细节的情况下,在友好的界面环境中通过简单的操作来完成支撑信息平台的各项应用搭建、扩展和维护工作,使得系统能够快速适应规划主管部门的人员、机构、业务、审批表格、地图类型、审批流程等环节的动态变化。"北京数字规管 2010"在服务器端提供了大量的服务,为保证这些服务正常运行,采用了完善的运维管理,管理服务器的各项服务和功能,从而监控是否运行正常,向系统管理人员汇报各类服务和系统的运行情况,让维护管理更加便捷。

三、实验练习

(一)了解新时期城市规划的新理念

实验要求:联合国人居署于 2013 年启动了《城市与区域规划国际准则》(简称《准则》)的研究制订工作,联合国邀请了来自全世界各地的专业团体、国际组织和政府部门的三十多位专家组成了《准则》制定专家组,中国城市规划学会作为正式成员单位,代表我国参与了《准则》(草案)的起草和修改,提供了最终中文正式文本的校译服务,并将负责在中国的实施推广工作。《城市与区域规划国际准则》最终方案于 2015 年 4 月正式提交,并将作为 2016 年举行的第三次联合国住房与可持续城市发展会议的关键成果。这是联合国机构首次以国际组织的官方名义就城市和区域规划提出指引(联合国人居署发布《城市与区域规划国际准则》,中国城市规划学会代表我国参与编制,"中国城市规划网"微信平台,2016-04-16)。

请阅读《城市与区域规划国际准则》,梳理以下问题。
(1)概述《城市与区域规划国际准则》的目标。
(2)解读其中"城市政策和治理"内容,概述其主要思想。

(二)了解我国城市规划部门政务外网的主要功能

实验要求:请访问"北京市规划委员会"和"上海市规划和国土资源管理局"网站,梳理这些部门外网提供了哪些公共服务。

(三)了解城市远景规划在城市发展中的作用

实验要求:请解读《武汉 2049 规划》或《上海 2040》,结合国外同类城市发展经验,归纳城市远景规划在城市发展中的作用,并评价这些规划的合理性。

案例3 数字化城市管理信息系统建设案例

数字化城市管理信息系统也称为数字市政管理信息系统,主要指对城市部件和城市事件的信息化管理。基于智能手机等移动网络设备和网格化管理理念,数字化城市管理信息系统助推城市管理模式创新和城市管理效率提升。本案例首先概述了数字化城市管理的概念和特征、国内外数字化城市管理实践,然后以杭州市和深圳市"数字城管"建设为例概述了数字化城市管理信息系统建设的基本理念。其中杭州市"数字城管"从建设背景、建设目标、建设内容、建设计划、建设方案和建设成果几个方面概述了杭州市数字化城市管理信息系统如何构建城市管理新模式;深圳市"数字城管"从系统架构、系统概要设计和主要功能模块简介几个方面概述了深圳市数字化城市管理信息系统的成功建设理念。杭州市和深圳市数字化城市管理信息系统建设较早,近几年信息化技术以及智能化技术进一步突飞猛进,但这两个城市的"数字城管"建设理念仍值得借鉴与参考。

一、数字化城市管理建设研究现状

(一)数字化城市管理概念与特征

1. 数字化城市管理概念

数字化城市管理是指利用现代信息技术,结合现代城市管理模式,将城市管理数据的采集、处理、分析、显示、评价全流程数字化,将城市管理相关各部门全方位数字化,实现计划、组织、指挥、协调、控制与创新等智能活动和管理方法的总称(杨励雅等,2009)。数字化城市管理实际上是一种创新的城市管理模式和手段,根本目标是提高城市管理效率,现代信息技术和平台是实现数字化城市管理的重要途径,其核心内容是运用空间信息技术、卫星定位技术、工作流技术、计算机网络技术、无线通信技术等多项信息技术,实现城市部件和事件管理的数字化、网格化和空间可视化,创新城市管理模式(Starling,1993)。

2. 数字化城市管理特征

数字化城市管理具有以下特征。

(1)管理精细化。数字化城市管理将城市部件和城市事件进行细化分类,明确各管理环节中的关键步骤和关键点,针对性地建立细致、合理、高效的管理流程,改变了单一的行政管理模式,由传统城市粗放管理转变为现代精细管理。

(2)管理动态化。传统城市管理模式往往是针对问题进行管理,管理工作比较被动,获取管理信息也是静态的,缺乏现势性。数字化城市管理利用先进的信息技术和管理信息系统能够全时段、全方位地监控城市管理要素,及时获取城市运行状态信息和管理情况,管理工作具有主动性,实现动态化管理。

(3)管理科学化。数字化城市管理采用3S、Internet、多媒体、计算机等多种现代信息技术,与现代管理理念相结合,服务于城市管理,管理方法具有科学性。数字化城市管理建立了监督与管理分开的城市管理机制,数字化监督与管理为公众参与城市管理提供了平台,双向的城市管理模式更具科学性。

(4)管理高效化。数字化城市管理将城市范围内的"城市部件"纳入监管,成立不同部门,监管与处置相分离,实现城市管理"双核运转",各负其责,极大地提高了管理效率。通过建立部门绩效评价系统,自动生成的评价结果和网络信息平台应用,对各职能部门管理绩效进行评价与管理,最大限度发挥部门职能和功效。数字化城市管理模式从管理体制和管理方式两方面实现城市高效化管理。

(5)管理综合化。数字化城市管理运用管理学、经济学、统计学、系统论、计算机技术等多种学科理论知识,学科知识综合化。技术手段上综合使用3S、无线数据传输、3G网络、数据存储、移动通信等信息技术,服务于城市管理。

(二)国内外数字化城市管理实践

1. 国外数字化城市管理实践

国外数字化城市管理研究主要集中在数字化环境下的城市行政管理行为和数字技术工具对城市管理的辅助作用两方面。前者就是所谓的"数字治理"(E-Governance)问题,后者是现代信息技术在城市管理中的具体应用。了解国外先进的数字化城市管理模式与实践能够为我国数字化城市管理建设提供参考和指导。

1)巴尔迪摩市CityStat绩效管理系统

CityStat由City和Statistics两个单词组成,是一种通过分析统计数据进行城市问题分析、决策、追踪及城市管理绩效评价的城市信息统计系统。CityStat绩效管理系统于2000年在巴尔迪摩市正式实施,在巴尔迪摩市城市管理、公共服务输出等方面发挥着重要作用。

CityStat的成功关键在于系统能及时发现城市管理问题、快速制定针对性的解决措施以及全过程的监督管理和科学考评机制。CityStat绩效管理系统根据一定的考核指标收集突发事件、社区、水务、环境卫生、园林绿化、房产、交通等方面的信息,对收集的信息进行统计分析并完成分析报告。在每隔两周召开一次的CityStat会议上,各个行政部门负责人向市长和其他高级官员报告各自部门的绩效数据,并回答相关提问。在这个过程中,社会不同领域的情况与运转状况也一目了然,对于处于低效状态的管理领域可寻求补救对策(张萌,2014)。

CityStat绩效管理系统的组成要素主要有:会场、人员、数据、会议和追踪五个方面。

(1)会场。配备有专用的会议场所,会议室内装有电子大屏,市长与其他政府高官具有固定的位置,部门负责人亦有固定的讲台位置。

(2)人员。聘请了8名擅长数据分析的工作人员,对大量的数据信息进行分析提取,找到最重要的相关变量来评估部门管理绩效和运行效率。

(3)数据。巴尔迪摩市的311热线电话和有关部门向上级提交的定期运营数据是巴尔迪摩市数据收集和统计的主要来源。热线电话是该市市民向政府反应城市某方面情况的重要途径,市民所提供的信息将被记录在一个特殊的数据管理系统中,不同来源的数据所构成的数据库供政府部门了解该市运行的情况,与此同时,如有市民请求某项公共服务,政府的反应时间也受到约束,可保证城市管理运营的效率(张萌,2014)。

(4)会议。CityStat会议上,市长和其他市政官员听取各部门负责人对本部门职能执行情况和效果进行汇报,一起讨论和分析统计数据,这是CityStat系统的核心要素。

(5)追踪。CityStat会议必须形成决策并要求相关行政机构负责人作出承诺,并通过进一步的数据统计追踪和对比机制,保证作出的决策和承诺能够改进行政机构的管理绩效。这一要素是 CityStat 系统提升城市管理绩效的重要保障措施(张萌,2014)。

2) 纽约市 CPR 管理系统

CPR 管理系统(Citywide Performance Reporting)是一种市民监督政府绩效的网上系统,于 2008 年在纽约市正式投入使用。CPR 系统涵盖了城市管理和服务的 8 个内容:城市行政、社区服务、经济发展与商务、教育、基础设施、法律事务、公共安全和社会服务(CPR 官方网站,2016)。CPR 系统界定了上述内容,并明确了各类管理与服务的目标宗旨,特别注重让每一个特定的机构或组织承担相应的问题,对具体问题负责。CPR 系统数据库包含了 40 多个市政机构和组织结构信息与数据信息以及 500 多项指标,几乎覆盖了人们日常生活和城市管理的各个方面。数据库中历年数据经过统计处理,能以图表形式显示,各政府机构信息和业绩更加清晰可见(张萌,2014)。

CPR 系统的成功与其系统运行的三大原则密不可分,即行政问责、透明行政、绩效管理。

(1) 行政问责。为了督促和激励各管理部门履行职责、提高工作效率,CPR 系统将 40 多个职能部门的职责与 8 大领域 500 多个指标相对应,将指标数据和部门管理绩效通过图形、表格、颜色等方式表示,并将结果进行公布,接受人们的监督,督促和激励相关部门切实履行职责、提高工作效率。

(2) 透明行政。CPR 系统利用发达的网络技术,对部门连续 5 年数据进行追踪比较,对评估指标进行细化,提高政府工作的透明度,方便市民在网上查看和下载所需信息与资料。同时,市民可通过有效途径对政府部门各项工作提出意见和建议,政府根据反馈信息来改进工作并完善工作机制。

(3) 绩效管理。CPR 是一个基于 Web 的系统监控政府绩效和公众表现的评估系统,对政府绩效管理十分看重。将政府部门职能和处理数据进行统计、分析、公布,完善政府职能部门监督和公开机制,体现了绩效型政府管理模式(吴开松,2012)。

3) 新加坡 EMAPS 系统

EMAPS 是新加坡市政理事会用于管理和分析城市管理对象空间信息的一个新系统,由新加坡国立大学和为市政理事会提供管理服务的一家物业管理公司联合开发。EMAPS 系统开发以地理信息系统为平台,系统数据库包含图形和属性数据库。区域边界、道路、绿化、楼房和其他设施的空间位置信息共同组成了图形数据库,城市要素的文字、数值、代码等特征信息共同组成了属性数据库。系统综合运用图形和属性数据详细记录了城市要素空间位置信息和属性特征,能够为城市管理人员清晰呈现城市要素基本信息和运行情况,对城市实施精细化管理(程茜,2012)。

EMAPS 在新加坡广泛应用于公房管理工作中,极大地提高了市政理事会工作效率和服务满意度。在具体设计上,EMAPS 系统针对新加坡公房管理工作中公众参与内容,如设施与环境的日常维护、设施与环境的改善、设施和环境的周期性维护,设计了问题报告模块、改进建议模块、项目反馈模块。问题报告模块将日常维护中的问题细分为紧急情况和不紧急情况,居民可以在地图上指明出现问题的确切位置,帮助工作人员轻松地找到问题的精确位置,做出维护判断。改进建议模块支持居民与地图界面进行互动,居民可以将自己理想的设施规划和设施放置位置在地图上进行标注,市政理事会的工作人员会对此进行分析、比对及反馈,更好地设置设施。项目反馈模块则是针对特殊项目的建设征求公众意见,反馈公众参与信息,统计和分析公众意见,合理安排建设项目。EMAPS 系统相对传统的信息传达方式,通过空间位置信息和可视化的表达,使得用户对信息一目了然,营造了良好的公众参与城市管理的环境。

4)加拿大一体化综合平台

在北美洲的加拿大市,2007年的时候设计了一套价值850万美金的集成管理、服务和决策于一体的基础设施管理系统。这个系统很好地优化了政府工作职能,更换了传统公众设施,其中,对城市的供水和排水等系统以全面的方式变革。这样现有的一个系统中不仅解决了市政工程的设施维护,也为财政部门支撑更加统一的条件。从软件的角度,通过这样的一个管理系统,城市中的管理部门能找到社会信息需求,从数字化运营的平台就能解决,例如:工程的评估建设,财政的监管以及市政中的民意诉求。满足了管理、执行、量化、追溯等问题(胡慧琴,2014)。

2. 国内数字化城市管理实践

我国自2003年开始大力开展的数字化城市管理试点,先后确定了三批数字化城市管理试点城市,积累了丰富的可推广的经验与大量的可借鉴的模式。与传统城市管理模式相比,我国数字化城市管理建设主要体现在城市管理技术创新和管理体制创新两方面。技术创新主要是构建统一的数字化城市管理信息平台,管理体制创新则集中在城市管理长效机制的建立。杭州、扬州、北京、重庆、深圳等城市数字化城市管理建设取得辉煌成就。

1)扬州市数字化城市管理系统

扬州是2005年建设部数字化城市管理的首批十个试点城市之一,也是试点城市中实现市、区两级数字城管的典型项目。扬州市数字化城市管理系统建设规划中,数据采集区域141km²,覆盖扬州市区21个街道,126个社区,53万多个部件,5510个万米单元网格,聘请了250多名数字化城管监督员。扬州市将城市部件分为公用设施、道路交通、市容环境、园林绿地、房屋土地及其他共6大类127小类,城市事件分为市容环境、宣传公告、施工管理、突发事件、街面秩序、市政公用设施、房屋建筑及其他共8大类80小类。扬州市数字化城市管理信息系统应用平台由呼叫中心受理子系统、协同工作子系统、城市部件在线更新子系统、地理编码子系统、大屏幕监督指挥子系统、综合评价子系统、构建与维护子系统、基础数据资源管理子系统、卫星影像对比子系统、视频监控子系统、城管通应用软件子系统、社会公众实时发布子系统12个子系统组成。

在管理体制上,扬州市创新实现了"一级监督,两级指挥,三级管理,四级网络"的组织架构。通过一级监督,将市、区发现问题的能力,整合到一个平台上,监督权、评价考核权、奖惩权上收,实行高位监督;通过两级指挥,将市管和区管单位统一整合到同一系统中,强化市、区两级政府的管理责任,并按照"先属主、后属地"的原则,各司其职,分别处置,指挥权下派。做到了监督管理集中,指挥调度协调,这种架构维护了监督的权威、指挥的顺畅,保证了城市管理新模式的顺利建立与有效运行。

扬州市数字化城市管理系统具有以下特点。

(1)平台建设的创新。将数字化城管作为数字扬州大平台的一个组成部分,只建设一个市级监督平台,不建区级监督平台,能节省大量经费。

(2)组织架构的创新。扬州市采用"一级监督(市)、两级指挥(市、区)"的模式,扬州的数字化城管实行"一级监督、两级指挥、三级管理、四级网络"的方式,这种架构维护了监督的权威、指挥的顺畅,保证了城市管理新模式的顺利建立与有效运行。

(3)力量保障的创新。扬州合理调整人力、物力资源,在增加发现能力的同时,大力加强处置力量建设。建设数字城管的专业队伍、执法队伍,利用街办、社区等社会力量。同时,市委、市政府还专门成立了市公安局城管治安分局,加强系统运行之后的治安保障。

(4)联动机制的创新。为分析研究数字化城管工作,解决相关问题,市政府建立了联席会议制度,有力推动了数字城管工作正常、快捷、高效运转。

(5)公众联动的创新。重点将公众参与和公众获知作为重要内容,在原有的短信、电话、信件、领导批示等方式的基础上,增加了网站、彩信等新的沟通方式,确保公众以更加方便、更加直观、更加精彩的方式知晓和参与扬州市数字化城市管理工作,形成畅通的沟通渠道。

(6)服务热线的创新。整合"12319"服务热线资源作为数字化城管的统一服务热线,在市级平台开通服务的基础上,为各区设立了"12319"接收分段号,各区可以直接通过"12319"受理本区城市管理问题,为快速获取问题、解决问题提供了又一有效途径。

(7)应用技术的创新。采用新的移动技术,为市委、市政府主要领导和分管领导、各区分管领导配备了领导手持终端,确保领导可以通过手持终端及时掌握数字化城管有关数据和动态,全面支持移动办公、部门协同;采用卫星遥感技术,实现同一位置不同时段的地图对比,直观体现城市管理的信息变化情况。在具体的技术创新上,采用GPS卫星定位与基站定位相结合,实现城管监督员的精确定位;采用WIMAX无线宽带数字传输技术,实现可移动的视屏监控;部分区级平台采用650nm光纤传输技术,构建全光纤网络,实现信息的高速传输[①]。

2)北京市东城区数字化城市管理信息系统

北京市东城区数字化城市管理信息系统是以政府和市民为主体,基于有线和无线网络、无线数据通讯、GIS、地理编码等信息化技术,集成地理空间框架、单元网格、管理部件、地理编码等多种数据源,在城市管理监督中心、指挥中心和专业部门之间实现全覆盖、全时段、精细化管理的综合信息系统。系统具有以下创新点。

(1)万米单元网格管理。利用GIS技术,将全区划分为1652个网格单元,细化管理范围。以万米单元格为载体,将城市管理的数据、信息、管理、服务等资源进行整合,实现共享。

(2)城市部件管理法。利用地理编码技术,建立城市管理对象的属性数据库,在全区2.4万个地址兴趣点建立了地理编码数据库,将城市管理内容、管理对象数字化呈现。

(3)信息采集器"城管通"。研发了具有地图浏览、位置定位、图片采集的移动信息采集器,及时采集发生的城市部件和再现事件问题现场。

(4)两个"轴心"管理体制。成立城市管理监督中心,负责城市监督与评价工作,同时设立呼叫中心,聘用城市管理监督员负责城市管理问题巡查、上报和立案。调整市政管理委员会,下设指挥中心,统一调度城管、市政、房产、规划等27个部门和10个街道的管理资源与执法力量。通过成立监督中心和指挥中心建立监管分离监督轴、指挥轴的双轴化新型城市管理体制。

(5)城市管理流程再造。建立了以城市部件、地理编码、地理空间数据库为基础,将信息收集、案卷建立、任务派遣、处理反馈、核查、结案等环节关联起来,实现指挥中心、监督中心、专业管理部门和区政府之间的资源共享、协同工作的城市管理工作流程。

(6)科学的评价体系。系统从区域评价、部门评价和岗位评价3个方面,对城市管理监督员、专业管理部门、监督中心、指挥中心等主体,建立内评价和外评价相结合的监督评价体系,

---

① 《扬州市数字化城市管理系统建设方案》。http://www.3snews.net/index.php?a=show&c=index&catid=38&id=137&m=content,来源:3sNews.net,2009-11-24 18:58:33。

为新模式的有效实施提供可靠保证。

二、杭州市"数字城管"建设实例[①]

1. 建设背景

城市管理工作涉及到城市和市民生活的方方面面，工作繁琐、点多面广。随着城市功能和规模的扩大，城市化水平的提高，传统的城市管理手段和方式已不能满足和适应城市发展和运行需要。当前，城市管理问题突出，主要表现为城市管理体制落后、管理机制运行不畅、管理工作相对被动、联动保障不力等。为创新城市管理模式，提高城市管理效率，数字化城市管理成为我国城市管理新模式。2004年北京市东城区率先实施数字城管建设，取得明显成效，2005年国家建设部开始向全国推广数字城管新模式，杭州市成为全国第一批数字化城市管理试点城市。

2. 建设目标

杭州市数字化城市管理信息系统的建设目标是：应用计算机网络技术、无线通信技术、"3S"空间信息技术、行业实体库技术等先进技术手段，实现城市部件和事件管理的数字化、网络化和空间可视化，创新城市管理模式，再造城市管理流程，建立一套科学完善的监督评价体系，实现政府信息化建设相关资源的共享，提高城市管理水平。

3. 建设内容

数字化城市管理信息系统的建设内容是：建立科学完善的数字化城市管理组织体系；建立完善的城市管理数据库；建立数字化城市管理应用系统，包括移动工作系统、综合业务系统、地理信息系统、GPS车辆监控系统等；建立城市管理相关信息资源的共享体系；建立科学的城市管理监督评价体系；同时在上述基础上，提供各种社会增值服务。

4. 建设计划

杭州市数字化城市管理信息系统分三期建设，建设周期为两年，具体安排如下：第一期工程主要完成对街面管理、环卫作业和社会服务的数字化，具体建设任务是组建城市管理信息中心，对系统软硬件设备进行集中采购与调试，搭建数字化城市管理信息系统平台，完成各数字化城管业务系统软件开发及系统集成，完成城市部件数据的普查及建库，完成数字化城管工作人员的招聘及培训，然后将实施范围扩展到西湖区、拱墅区和江干区；第二期工程主要实现对市政养护作业、地下管线、公用设施运行管理的数字化，进一步完善城市管理各业务子系统，新建地下管线等业务系统并与数字化城市管理平台进行整合，将管辖范围拓展到其他各城区；第三期工程主要实现对市政公用、市容环卫企业运行监管的数字化。充分应用网络技术、3S技术、人工智能技术等先进技术手段，在杭州形成一个管理对象数字化、管理专业网络化、数据动态整合化、管理决策理性化的现代化城市管理信息系统。在系统和数据建设的基础上，开展并提供各项社会增值服务，更好地服务于社会大众。

5. 建设方案

杭州市数字城管信息系统将由数字城管平台系统、数字城管中心在线监控信息系统和数

[①] 何荣坤. 数字化城市管理信息系统基本原理[M]. 杭州：浙江大学出版社，2006.

字城管综合业务信息系统三个相互独立、自成体系的信息化系统构成。杭州市数字城管一期工程完成数字城管平台系统建设,二期和三期项目将完成数字城管中心在线监控信息系统和城管综合业务信息系统建设,将建立起具有杭州特色、功能更加完备的数字化城市管理信息化系统,形成由数字城管平台系统(一期项目)、中心在线监控系统和综合业务系统三大信息系统构成的杭州市数字城管运行体系架构。三大信息系统运行在同一个局域网内,后台独立运行、自成体系,实现数据共享和交换;前台操作使用统一的操作界面进入,通过对操作使用人员的不同授权,进入不同的应用系统进行操作。形成一个统分结合、协同工作、功能完善的城市管理信息化体系,从内业管理、外业管理到重点监管对象在线监控的全面数字化、信息化。

6. 建设成果

(1)数字化城市管理组织体系。围绕完善"两级政府、三级管理、四级服务"的城市管理体制,强化各级政府、各级城市管理相关部门的城市管理综合协调职能。按照重心下移、责权一致、讲求实效的要求,进一步确立城市政府在城市管理工作中的主导地位,理顺市、区、街道和社区的管理体制,明确各自在城市管理工作中的作用和职责,形成以市为核心、区为重点、街道为基础、社区为补充的分工科学、责权明确、务实高效、运行有序的城市管理体系。

(2)城市管理数据库。根据杭州市数字城管部件分类标准,城市部件分为6大类97小类;根据杭州市数字城管事件分类标准,城市事件分为5大类61小类。以一万平方米为基本单位,结合城市行政区划设置和城市地面建筑、道路、水域分布实际情况,将城市所辖区域划分成许多个网格单元,对每个单元网格内的城市部件和事件进行采集,完成城市部件外业普查和数据建库,实施准确定位和责任制监管。

(3)城市管理应用系统。建立数字城市管理基础应用系统,包括城市管理地理信息系统、信息采集系统、呼叫中心系统、城市管理综合业务系统、GPS 车辆定位监控系统、视频监控系统、公众网站实时发布系统、数据共享与交换平台等,实现街面管理、环卫作业、社会服务等城市管理业务的数字化、信息化。其中城市管理综合业务系统又包括工作流管理平台、业务受理子系统、协同网络子系统、综合评价子系统、管理维护子系统等。

(4)城市管理资源共享体系。通过开辟远程客户端模式,热线接线人员将城市管理相关问题直接登记并转入城市管理处理流程,实现与政府热线电话的资源共享。通过数据交换,能够对城管涉及、行政许可、处罚以及法律法规等相关数据进行查询,辅助日常工作开展。基础空间数据更新,能够基于应急联动指挥系统扩展,定期更新规划局基础地形数据、城市部件数据、地名空间数据等相关数据,保证地理数据的现实性,能够准确地进行定位。提供数据交换、数据共享的通用型、易于开发利用的接口。

(5)城市管理监督评价体系。数字化城市管理信息系统通过整合政府的城市管理资源,建立城市管理指挥评价机构——城市管理指挥中心(信息中心),派遣监督机构——城市管理监督中心(协同平台),形成城市管理工作中的"两个轴心",将监督职能和管理职能分开,各司其职,各负其责(图6-6)。新模式有效解

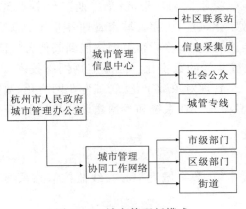

图 6-6 城市管理新模式

决了城市管理工作"信息滞后、处置被动、职责不清、管理粗放"的难题,实现了"快速发现、准确定位、及时处置、有效监督"的精细化城市管理目标。

三、深圳市数字化城市管理系统基本设计与实现实例

2005年,国家建设部在全国部分城市(城区)推行数字化城市管理建设试点,深圳市被确定为首批十个试点城市(城区)之一。这是对传统城市管理模式的一次重大改革,是对城市管理思想、管理理念、管理技术和管理体制的创新,将极大地提高政府部门的行政执行力。深圳市各级政府紧紧抓住试点工作这一契机,将试点工作列为2006年深圳城市管理年的重点工程,全面推动城市管理工作上新台阶。深圳市确定了"统一规划、统一标准、分步实施、全面覆盖"的建设方针,明确将特区内福田、罗湖、盐田、南山四区作为一期工程建设,特区外的宝安、龙岗二区作为二期工程建设,努力将数字化城管覆盖深圳的每一寸土地,成为"数字深圳"的示范工程。数字化城管建设是一项复杂的系统工程,深圳市城市管理局在具体组织实施建设的过程中,立足深圳实际,坚持高标准规划建设,既严格按照国家建设部规定的标准抓落实,又紧密结合深圳的实际搞创新,取得了试点工作的新经验、新成果。2006年10月20日,国家建设部验收专家组来深圳现场验收,对深圳的成功试点给予高度评价。数字化城管的建设运行,给城市管理带来了全新的变化,城市管理问题的发现率大幅提高,解决问题的能力全面加强,处理问题的周期大为缩短,特别是对群众投诉反映的问题,基本做到了时时有人理、处处有人管、事事有回音、件件有着落,树立了服务型政府的良好形象,取得了良好的社会效益和经济效益,成为落实"科学、严格、精细、长效"方针的重要抓手。

(一)系统架构

深圳市数字化城市管理信息系统建设内容包含机房建设及监控中心改造、网络与硬件系统集成、数字城管应用软件开发等。系统的总体框架由网络与硬件层、数据层、应用支撑层、应用层、用户认证层、用户层6个部分组成(图6-7),同时考虑数字城管的标准规范体系和信息安全体系建设,系统采用层次结构体系。整个系统建立在完善的标准规范体系和信息安全体系基础上,自下而上构筑了网络与硬件层、数据层、应用支撑层、应用层、用户认证层、用户层,各层都以其下层提供的服务为基础。所有用户采用单点登录的模式,经过系统身份认证和授权后进入系统。

(二)系统概要设计

1. 系统设计目标

深圳市数字化城市管理信息系统建设的总体目标是:依托计算机网络技术、移动通信技术、计算机电信集成技术、空间信息技术、网格管理技术、城市部件管理技术等多种数字城市技术,实现城市管理的数字化、网络化、精细化和空间可视化。通过实施数字化城市管理,实现城市管理由被动管理型向主动服务型转变,由粗放定性型向集约定量型转变,由单一封闭管理向多元开放互动管理转变;实现信息技术与城市管理应用的有机结合,专业监督与综合监督的有机结合,政府监督与群众监督的有机结合,内部考核与外部评价的有机结合,精细规范管理与全面覆盖管理的有机结合,高效管理与长效管理的有机结合。最终实现对城市的"科学、严格、精细、长效"管理。

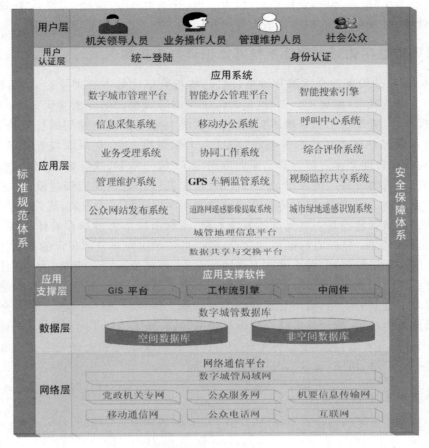

图 6-7 系统架构图

2. 系统运作模式

深圳市数字化城市管理依托统一的数字化城市管理信息系统平台,在市、区两级建立城管监督指挥中心,市级监督指挥中心负责统一平台的规划维护、标准规范制订、跨区重大事项协调,监督区级平台运行,实施全市数字城管运行结果评价等;区级监督指挥中心负责本区内数字城管的监督、评价和本区内重大事项的协调及监督员管理等工作;在街道办建立城市管理指挥处置中心,负责具体事务的执行处理。构建城市管理监督与执行相互分离,市、区、街三级各负其责、分工协作的新体制。总体运行模式是"统一接入,分布受理,分级处置,监管分离"。

深圳市数字城管信息系统是一个支持多级多部门协同工作的信息平台,用户范围在纵向上涵盖市、区、街道、社区、工作网格五个层次,在横向上涵盖市城管系统、市级职能部门、各区城管系统、区级职能部门等多个机构和部门。

3. 网络与硬件平台

数字城管网络系统的网络与硬件平台采用多层星形拓扑结构,市城管局域网采用千兆主干、百兆到桌面;广域网采用 P2P 光纤、无线、拨号和互联网等多种连接方式实现。系统按照信息传输内容的不同可划分为计算机数据网络、视频网络和语音电话网络三套网络。系统基于华为 3COM Quidview 网络管理软件组建网络管理平台,主要有以下特点。

（1）基于管理框架。便于系统各功能模块间进行信息的共享和数据的交换,能与所有管理体系中的其他管理工具和模块进行集成,作为整个管理系统的支撑平台。

（2）模块化设计。包含了一组提供不同管理功能的管理工具,各管理工具既可以独立工作,也可以通过集成共享管理信息。在网络设备管理层,通过选择集成在其管理框架上的不同网络设备模块,网络管理员可以管理网络中的任何网络硬件设备。在服务和业务管理层,网络管理员可以通过选择不同的管理模块实现网络容量规划管理、配置管理、故障管理、性能管理和计费管理等一系列管理功能。这种模块化设计保证了用户可以根据自己的管理需求构建最符合要求的管理系统,节省用户的投资。

（3）高系统强壮性。管理软件自身具有良好的系统强壮性,符合深圳市城管局网络用户对管理系统高可用性的要求。

（4）优秀的规模可扩展性。管理服务器不但支持单机中央处理模式,也同时支持多服务器分布式处理模式,并能实现从中央处理模式向分布式处理模式平滑过渡。可保证网络管理系统能适应用户网络规模的增长。

（5）高容错性。管理系统中的管理工具都支持双机主备工作方式,当主服务器出现故障时,备用管理服务器可以接管主服务器的管理职能,保障管理系统的不间断运行。

（6）提供安全认证和用户分权的管理机制。管理员首先需要登录才能使用管理系统对网络进行管理,这样就保证了只有拥有合法授权的管理员才能使用管理系统。同时可以利用管理系统的管理员分权机制,定义每一个登录的管理员所拥有的管理权限,确保每个管理员只能管理职责范围内的网络资源。

4. 系统关键技术

1）计算机网络技术

计算机网络技术是本系统建设的基础技术。计算机网络为各类数字设备设施互联和整个系统的运行提供了基础环境。依托深圳市政府政务外网和电信光纤网络,建设城管广域网,实现市、区监督、指挥部门及相关单位的宽带互连,实现视频、语音、数据等业务协同运作。

2）移动通信技术

依托移动通信网络,建立移动终端与监督、指挥部门的无线互连,实现语音、数据、短信、定位等业务协同运作。基于移动通信网络 GSM/GPRS 环境,监督员可利用"城管通"方便快捷地实现与监督中心的数据通信和语音通信。基于移动通信网络环境,并结合 GPS 定位技术和 MPS 技术,对城市管理监督员在规定区域内的工作状况进行有效监督,实现对监督员的科学管理。

3）计算机电信集成技术

计算机电信集成技术（Computer Telecommunication Integration,CTI）集呼叫处理、语音处理、网络通信等各项新技术于一体,为建设一体化的城市管理呼叫中心系统提供技术支撑。

本系统采用"统一接入、分布受理、分级处置"的模式,全面处理来自语音、传真、E-mail、VOIP、手机短信等多渠道信息。通过电话接驳、移动通信、三方通话和多方会议等功能,实现市、区和相关部门的协调指挥。

4）空间信息技术

空间信息技术是指以地理信息系统（GIS）、全球定位系统（GPS）、遥感（RS）等为代表的处理地理空间位置相关数据的信息技术。

5）单元网格技术

单元网格就是采用地理编码技术，根据属地管理、地理布局、现状管理、方便管理、管理对象、负荷均衡等原则，将深圳市的行政区域划分成若干个多边形网格的单元。单元网格管理法就是明确各地域的网格管理责任人，由监督员对所分管的单元网格实施全时段监控，从而实现对全市分层、分级、全区域管理的方法。

6）城市部件管理技术

城市部件管理法是指运用分类编码技术，将所有城市部件（主要指各类市政公用设施）按照地理坐标定位到单元网格中，明确各部件的管理职责，通过网格化城市管理信息平台对其进行分类管理的方法。实施城市部件管理法，可以实现由粗放到精确、由人工到信息化管理的转变。

7）数据库技术

数据库技术是计算机科学技术中发展最快、应用最广泛的重要分支之一，是信息系统的重要技术基础。数字化城市管理涉及的数据非常庞杂，不仅有城市单元网格数据、城市部件与事件数据等地理空间数据，还有各种各样的非空间数据。这些数据种类多、数量大、变化快，呈现分布式多元异构性。数字化城市管理信息系统的建设必然需要借助于数据库技术，特别是数据库新技术。其采用的数据库新技术包括：分布式数据库技术、数据仓库技术、面向对象数据库技术、多媒体数据库技术、Web数据库技术、数据挖掘技术、空间数据存储技术以及信息检索与浏览技术等。

8）智能客户端技术

智能客户端（Smart Client）技术，是一种结合了瘦客户端（B/S模式）和胖客户端（C/S模式）长处、易于部署和管理的新一代客户端软件技术，通过统筹本地资源与分布式数据资源的智能连接，使得交互操作具有更好的适应性和更快的响应速度。

9）协同处理技术

"协同处理"泛指管理的具体行为，尽管每个组织的业务形态、管理制度、管理流程各不相同，但从信息的构成及传递方式角度看，可以归纳为：协同＝对象＋事件诉求＋表单＋流程规则＋执行结果。协同处理技术为各类信息资源共享和在线更新提供了技术支撑。利用协同处理技术，可实现城市管理各业务部门间的实时、动态、多人的协同处理和并联工作。

10）数据融合与挖掘技术

数据挖掘是一个利用各种分析方法和分析工具在大规模海量数据中建立模型和发现数据间关系的过程，这些模型和关系可以用来做出决策和预测。数据挖掘建立在联机分析处理（On Line Analytical Processing，OLAP）的数据环境基础之上。数据融合与挖掘技术为数据深度分析和考核评价提供了有力手段。

11）Microsoft.NET技术

Microsoft.NET是Microsoft的XML Web服务平台。.NET包含了建立和运行基于XML的软件所需要的全部部件。Microsoft.NET解决了当今软件开发中的一些核心问题：互操作性（Interoperability）、集成性（Integration）和应用程序的可扩展性（Extensibility）。Microsoft.NET依靠XML［一个由World Wide Web Consortium（W3C）管理的开放标准］消除了数据共享和软件集成的障碍。Microsoft.NET是一个技术先进、框架灵活的系统开发技术框架，非常适合数字化城市管理信息系统的建设。

12)网络信息安全技术

数字化城市管理信息系统的建设,采用 VPN、CA 认证系统、网闸隔离、网络防火墙、防病毒系统、容灾备份、UPS 等全方位的网络信息安全技术,充分保障网络系统和应用系统的安全和稳定运行。

(三)主要功能模块简介

1. 数字化城市管理支撑平台

数字化城市管理支撑平台是深圳市数字城管系统的管理维护平台,对组织机构、人员、角色、权限、网格、监督员、部件事件等基础数据进行管理维护,还可以进行模板定制、知识库与公文栏管理、性能管理、系统设置等。数字化城市管理支撑平台主要供市级系统管理员和各区系统管理员使用。系统具有多角色切换、网格树管理、监督员与执法人员管理等特色。系统采用树状结构定义各组织结构的层次和隶属关系,实现业务的分层流转和业务的监督办理功能(图6-8)。

图 6-8 组织机构管理界面

2. 移动信息采集系统

移动信息采集系统是数字城管系统的移动工作平台,用于实现城市管理问题信息采集和无线传输。移动信息采集系统主要供城管监督员使用,用于实现城市管理问题信息采集、问题上报、问题核实、结案核查等。在移动采集子系统中有一个"简易问题快速处理"的流程,即对于非法张贴小广告等简易事件,监督员利用问题上报功能对问题现场进行拍照,然后自行处理问题(撕下小广告纸片等),再把处理后的情况进行拍照,最后把处理前后的照片作为附件一并上报到监督中心,由监督中心操作员审核结案,具体流程见图6-9。这样大大简化了问题处理流程,缩短了处理时间,提高了处理效率。

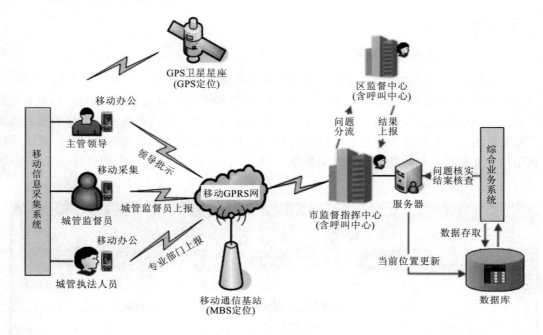

图6-9 移动信息采集系统业务流程图

3. 综合业务系统

综合业务系统是数字城管系统的核心业务处理平台,通过城市管理问题信息收集、案卷建立、任务派遣、任务处理、结果反馈、核查结案、综合评价7个环节,实现城市管理问题登记、派遣、处理、反馈和评价。综合业务系统包括综合业务受理子系统、协同工作子系统、综合评价子系统3个子系统。综合业务系统集成了网格管理技术、部件管理技术、GIS技术、GPS技术、工作流技术等多种现代先进技术,构建了图文一体化的信息平台。综合业务系统通过支撑平台赋予用户多个角色,综合业务系统的用户可以根据系统业务流程,在多个角色之间进行切换,完成多个环节的操作。例如,给一个用户赋予值班长、接线员、派遣员三个角色,该用户可以先用接线员角色进行问题登记,然后切换到值班长角色进行立案,再切换到派遣员角色进行派遣。这样,一个用户名就可以实现多个环节的操作,如图6-10所示。

4. GPS车辆定位监控系统

GPS车辆定位监控系统主要供监督指挥中心使用。用于对装有GPS车载终端的环卫车辆、城管执法车辆等进行定位监控管理,结合WebGIS功能,实现对环卫车辆、城管执法车辆等的数字化和空间可视化管理。车载终端接收GPS定位信息并采集车辆状态信息,通过移动通信网络定时、定距、越区或点名上传数据到GPS监控中心(简称为监控中心,监控中心设在监督中心内,与呼叫中心共用一套设备和人员),GPS监控中心能随时掌握车辆的位置和运行

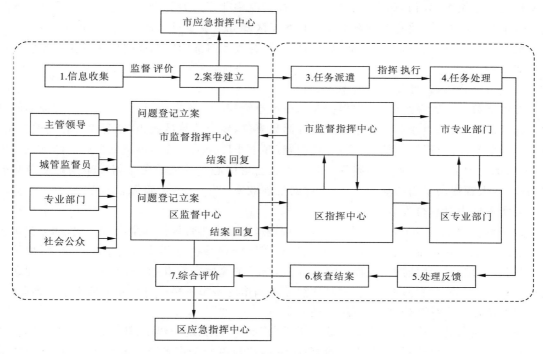

图 6-10 系统的总体业务流程图

轨迹。可以在电子地图上显示出车辆的实时位置,查询车辆的属性,并重现车辆的运行路线轨迹等。

5. 视频监控共享系统

视频监控共享系统主要供城市管理主管领导、城管监督中心、城管指挥中心使用。依托视频探头、大屏幕、双屏工作站等设备,并结合 WebGIS 功能,实现城市管理相关信息的直观展示,用于城市的空间可视化管理和监控。视频流服务平台按服务对象不同,分为内部业务系统和外部公众服务系统两部分,它们各自独立运行于内部局域网和互联网上,为对应用户提供视频服务。关于本系统的日常管理、维护和用户使用,也分别从这两部分进行详细说明。

6. 呼叫中心系统

深圳市数字城管呼叫中心系统是公众参与城市管理的重要平台,是政府部门与市民沟通的桥梁,是收集城管问题和建议的重要渠道,承担了数字城管受理热线的服务功能;呼叫中心系统也是数字城管的重要指挥调度通信平台,承载了监督指挥中心、监督执法人员及相关部门的联络通信、协同指挥等的服务功能。系统运用计算机和电信集成(CTI)技术、移动通信技术、VOIP 技术和关系数据库等技术,建立市、区统一接入,分布式受理的业务管理平台和统一的通信指挥调度平台。12319 和 960110 是全市呼叫中心系统的统一接入号。

(四)系统创新及特色

1)建立适合多级多部门共享应用的技术平台和运行模式

深圳数字城管采用"统一接入、分布受理、分级处置、监管分离"的技术平台和运行模式,系统架构支持多级多部门共享应用。这一运行模式既强化了宏观监督,在执行上又适应了管理重心的下移和市委、市政府关于在宝安区和龙岗区部分街道实行综合执法试点的工作部署,为数字城管系统在市、区、街道城管部门纵向应用和各级政府部门间的横向应用及扩展提供了广阔空间。

2) 创新完善流程,提高处理效率

在深圳数字城管系统中,我们根据深圳市城市管理的实际需要,设计了一个针对简易问题的快速处理流程,即对于非法张贴小广告等简易事件,要求监督员利用"城管通"的"问题上报"功能对问题现场进行拍照,然后自行处理问题(撕下小广告纸片等),再把处理后的情况进行拍照,最后把处理前后的照片作为附件一并上报到监督中心。从而避免了将简单问题复杂化处理的弊端,大幅提高了简易城管事件、部件的处理效率,节约了人力资源。

3) 实现城市管理全程数字化

数字城管规范完善了发现问题的机制和渠道,实现了监督评价的全面数字化,加上深圳市城市管理局之前在审批、执法、绿化、环卫、灯光环境管理等执行环节的信息化建设,形成了一个从"问题发现→派遣处理→反馈回复→绩效评价"的完整数字化链条,实现城市管理问题的发现派遣、执行处理、行政监察全程数字化,使深圳市的城市管理信息化水平跃上了新台阶。

4) 系统建设合纵连横,信息资源共建共享

在数字城管建设中,我们贯彻市区两级平台"统一规划、统一建设、统一运行"的方针,合并同类软件开发及硬件购置,避免重复投资;统一存储与更新全市各类基础数据,确保同源数据的一致性。在信息资源共享方面,既广泛共享其他部门的信息,又开发开放共享接口,将城管信息共享给其他部门和公众应用。这一措施推动了政务信息资源由"自建自用"向"共建共享"转变,为大范围、多层级、多部门信息资源共享摸索了经验。

5) 路灯杆编码为地理定位提供了简易高效的解决方案

与市公安部门协作,在城市路灯杆上印上醒目的七位编码,作为定位参照点,实现对公众报案、投诉地点的快速准确定位。

6) 自主研发遥感影像识别技术,为完善数字化城管模式提供了新的技术支撑

自主研发遥感影像识别技术取得成功,解决了城市管理面状信息的大规模自动采集问题,为完善数字城管模式提供了新的技术支撑。遥感影像识别系统可对地面上 $5m^2$ 以上的绿地影像进行计算机自动识别,准确率达 95% 以上。本系统的建成、投入使用在全国首次解决了城市管理绿地信息的大规模快速、自动、经济采集问题,为园林绿化精细管理和统计提供了强有力的手段。遥感影像浏览监督系统的应用进一步丰富了宏观监督手段和市民参与城市管理的途径,使大范围的市容环境监督和生态监察除人眼、电子眼外,又增加了"天眼"。

7) 开发移动群呼功能,让普通手机变成"手机+对讲机"

基于呼叫中心开发的集群呼叫功能,实现了有线、无线通信及手机与对讲机的全面整合,为普通手机赋予了对讲功能。手机网络覆盖到哪里,对讲功能就能运用到哪里;群内对讲无需支付任何额外费用。手机对讲是全国城管系统用手机取代传统的对讲机通信的创新开发与应用,为城市管理和联动执法提供了极大的方便。

8) 构建社会力量参与城市管理的长效机制

立足数字城管,构建社会力量参与城市管理的长效机制。依托数字城管平台,深圳市城市管理局与深圳之窗、深圳新闻网等合作,从网上招聘万名义务城管监督员、信息员、宣传员,参

与城市管理社会监督。一方面,义务监督员对自身活动区域及城市管理有关职能部门的工作进行监督,发现问题及时上报;另一方面,对周边人不理解或误解城市管理和城管执法的言论作出解释和澄清,带动家人、朋友遵纪守法并参与城市管理工作,从源头上减少城市管理问题,促进和谐深圳建设。此项行动得到了市民的热烈响应。

9) 大力拓展数字化城管的适用空间

市信访办"12345"政府服务热线的建设,共享数字城管的呼叫中心平台;盐田区将环保和文化执法纳入数字化城管的监督范围;福田区把社区服务和工商执法作为数字化城管的管理内容;罗湖区将"三防"工作、森林防火、边坡治理、出租屋管理纳入数字化城管建设;另外,担负城管综合执法试点任务的6个街道办,将所有执法事项都纳入数字化城管的管理范围,使数字化城管的应用更加广泛。

四、实验练习

(一) 调研你所在城市"数字城管"建设情况

实验要求:实地调查你所在城市某一区城市管理部门,了解该区城市管理信息化建设现状,并基于调查,以"提出问题—分析问题—解决问题"思路撰写调研报告。

(二) 了解"数字城管"建设中的数据采集过程

实验要求:请阅读《数字化城市管理信息系统基本原理》(何荣坤,2006)中"第三章数字城管基础建设"内容,请梳理城市部件普查工作流程。阅读《数字化城市管理信息系统标准汇编》(何荣坤,2006),分别以"污水井盖"和"下水道堵塞"为例(或者任选1城市部件和1城市事件),描述在数字城管基础建设过程中需要采集的信息以及需要遵循的规范。

(三) 了解"数字城管"带来的便捷和高效

实验要求:请参考《数字化城市管理信息系统操作指南》(何荣坤等,2006),实地调研你所在学校某一城市事件(如自来水管破裂等)处理过程,绘制解决城市事件的流程图,并给出对该流程的优化建议。

案例4 智慧城市的建设与建设策略案例

2016贵阳大数据峰会上李克强总理指出,当前中国经济正处于转型升级的关键阶段。大数据、云计算等前沿技术和分享经济的蓬勃发展,有利于发展新经济、培育新动能。信息通讯技术(Information Communication Technology,ICT)是推动信息化社会、智慧城市和数据经济的关键性动力。世界正在进入"大数据经济",国际数据公司(IDC)预计,数据量在2020年之前会增长50倍。从我国城镇化、信息化和工业化进程判断,大数据经济与三化融合,将催生"智慧经济"。十三五期间,我国智慧城市的市场规模约为4万亿元。2005年美国仅交通拥堵每年造成的损失就超过780亿美元。因此,应加快利用新兴技术手段支撑智慧城市建设步伐,缓解城市问题,进而挖掘智慧城市潜能,实现城市智慧转型。徐振强[1]指出:目前,在国家层面超过 26 个部、委、办、局和行,在地方超过 500 个城市在推进智慧城市建设;以信息通讯技术和房地产等为龙头的企业在努力创新;众多跨行业的人士在热议智慧城市,但对智慧城市的定义、目标、对现阶段的真形势、真问题和真任务,还缺乏有效的剖析、理解和陈述。本案例在此背景下,以华为和 IBM"智慧城市"建设方案为例,以期让读者对"智慧城市"建设理念有一个初步的了解。

一、智慧城市建设的研究现状

(一)智慧城市概念

智慧城市是在城市全面数字化基础之上建立的可视、可量测、可感知、可分析、可控制的智能化城市管理与运营机制,包括城市的网络、传感器、计算资源等基础设施,以及在此基础上通过对实时信息和数据的分析而建立的城市信息管理与综合决策支撑等平台。智慧城市是数字城市与物联网和云计算等技术有机融合的产物(李德仁等,2012),它将人与人之间的 P2P 通信扩展到了机器与机器之间的 M2M 通信,"通信网+互联网+物联网"构成了智慧城市的基础通信网络,并在通讯网络上迭加城市信息化应用。智慧城市具有四大特征。

(1)全面感测:遍布各处的传感器和智能设备组成的"物联网",对城市运行的核心系统进行测量、监控和分析。

(2)充分整合:"物联网"与互联网系统完全连接和融合,将数据整合为城市核心系统的运行全图,提供智慧的基础设施。

(3)激励创新:鼓励政府、企业和个人在指挥基础设施之上进行科技和业务的创新应用,为城市提供源源不断的发展动力。

(4)协同运作:基于智慧的基础设施,城市里的各个关键系统和参与者进行和谐高效地协作,达成城市运行的最佳状态[2]。

(二)国内外智慧城市发展模式

1. 国外智慧城市发展模式[3]

国外开展智慧城市建设实践较早,不同地区智慧城市建设模式不尽相同,总结典型实践经验,可将国外智慧城市发展建设模式概括为以下几种。

1)公私合资建设和管理模式

公私合资模式涉及到多个主体在智慧城市建设中的分工、协调与合作,由政府和私人企业共同投资建设和管理项目。如芬兰阿拉比阿海滨(Arabianranta)项目由赫尔辛基经济和发展计划中心协调和管理,其还与许多私人企业成立合资企业。该项目的合作方包括诺基亚、爱立信、摩托罗拉,以及当地的电信企业 Sonera 等。阿姆斯特丹的智慧城市建设由当地政府、能源

---

[1]《挖潜智慧城市动能 实现城市智慧转型》,来源:中国城市科学研究会数字城市工程研究中心副主任 徐振强(http://biz.ifeng.com/a/20160525/41613573_0.shtml?from=timeline&isappinstalled=0),2016-05-25 17:04.
[2]《智慧城市白皮书(IBM)》,2009 年 8 月,pdf 电子书.
[3] 王根祥,李宁,王建会. 国内外智慧城市发展模式研究. 软件产业与工程,2012,04:11-14,35.

企业和其他私人企业共同投资,思科和 IBM 共同开发智能能源管理系统;而埃尔哲负责项目管理和评估;The Amsterdam Innovation Motor 负责协调各参与者之间的关系,该机构是政府、大学与私人共同投资的企业。

2) 政府带头,私人企业参与模式

该模式是指项目建设过程中,由政府主导并负责项目主要投资,私人企业或运营商参与项目建设,私人企业同时参与项目的运营与维护工作。如新加坡的 One North 项目由 JTC Corporation 负责带头建设,JTC 是新加坡贸工部下属的官方机构,成立于 1968 年,是新加坡最大的工业地产发展商,在 One North 项目中,JTC 主要负责基础设施的建设,开发 20% 的土地[①],而 80% 的项目开发则交由私人企业进行。新加坡政府鼓励企业积极参与,动员各方力量促进智慧网络的优化,极大地推动了智慧城市建设的速度。

3) 政府投资管理、研究机构和非盈利组织参与模式

该模式的典型案例为阿联酋的玛斯达尔城(Masdar City)。玛斯达尔城由政府机构阿布达比未来能源公司(Abu Dhabi Future Energy Company)统筹规划,主要合作对象有世界野生动物基金会、美国麻省理工学院、英国 Forter+partners 建筑设计与城市规划公司等,总投资金额为 220 亿美元,预计打造一处可容纳 5 万人的未来城市,并计划在 2016 年前开发完成。西班牙的 Digital Mile 由国有企业 Zaragoza Aata Velocidad 负责建设开发,其由国有的负责铁路建设运营的企业、地方政府共同投资设立,美国麻省理工学院、Zaragoza 大学,以及一些地方学术协会参与了规划。

4) 电信企业投资开发,作为新技术试验模式

电信企业在利益需求和市场竞争压力下,不断寻求技术上的突破和科技创新,自发地在城市地区形成"智慧产业"集群和有利于创新的环境。该模式典型的案例是德国的 T-city。德国的 T-city 是 2006 年德国电信进行的大规模生活实验室计划,项目建设期为 2007—2012 年,旨在研究现代信息通讯技术,示范如何提高城市未来的社区和生活质量,该计划还集合了阿尔卡特集团、三星集团、德国城镇发展协会、波恩大学等组织。

2. 国内智慧城市建设情况

未来城市发展趋势的一个主要特点就是城市的运行将具备感知和自适应能力,智慧城市将是城市化发展的重要方向。我国对智慧城市、物联网发展高度重视,截至 2012 年 9 月,全国 47 个副省级以上地方的规划文件中,明确提出智慧城市建设的有 22 个,占 46.8%。其中北京、上海、广州、深圳、杭州、南京、宁波、武汉、厦门等地方已制定智慧城市发展的专项规划。宁波、上海、广州等城市的智慧城市建设已初见成效(陈博,2013)。

1) 智慧上海建设[②]

上海市作为我国较早进行智慧城市建设的城市,在 20 世纪 90 年代就提出了"信息港"建设战略,经过多年的发展,上海智慧城市建设已处于发达经济体城市中等、国内先进水平阶段。上海市智慧城市发展理念上,突出普遍服务和惠及全民,把发展成效和市民感受作为信息化建设的主要追求;在建设空间上,更加关注城乡一体化建设发展,加快从城区向郊区、长三角地区延伸;在建设路径上,更加注重需求导向、问题导向、项目导向,强化规划、制度、政策、标准的完

---

① 王根祥,李宁,王建会. 国内外智慧城市发展模式研究. 软件产业与工程,2012,04:11-14,35.
② 蔡伟杰. 上海市智慧城市建设路径思考,2011 年 7 月.

善、衔接与配套。上海市采用信息技术重点解决城市建设和管理中的关键环节和主要问题,转变工作机制,聚焦建设项目,鼓励创新,大力建立和完善城市信息基础设施体系、信息感知和智能应用体系、新一代信息技术产业体系、信息安全保障体系。上海市智慧城市建设的具体措施为:一是通过宽带普及、电视网络覆盖、网络业务融合、互联网建设等手段建设城市信息基础设施,提升信息通信服务能级;二是推动实施融合强业、电子商务、数字城管、数字惠民、电子政府等行动,促进信息技术深度应用;三是大力加快发展软件和信息服务业、电子信息产品制造业等信息产业发展,推进新技术、新应用产业化发展;四是构建安全可信的网络环境,全面提升信息安全综合保障能力。

截至2012年10月底,上海"光纤到户"完成改造已达665万户,与2010年底相比增加5倍多,全市3G手机用户已超560万户,比2010年底增加183%,上海"光纤到户"覆盖能力和用户规模国内第一,WLAN覆盖密度和规模国内第一,城域网出口带宽国内第一,高清有线电视和高清IPTV用户规模国内第一,三网融合试点业务用户规模国内第一。在信息基础设施方面,上海率先创立了第三方专业维护模式,创新了信息通讯基础设施建设体制机制。在电子政务、电子商务、工业化和信息化融合、数字惠民和城市管理方面,上海探索出诸多智慧城市建设经验。2014年上海市获得"中国十大智慧城市"称号,第四届(2014)中国智慧城市发展水平评估第二名。

上海市最新出台的《上海市推进智慧城市建设行动计划(2014—2016)》对未来上海市智慧城市建设提出了总体部署与安排。上海市未来将实施"活力上海"五大行动,推动建设28个重点专项。一是着眼城市宜居,包括智慧交通、智慧健康、智慧教育、智慧养老、智慧文化、智慧旅游、智慧就业、智慧气象等建设,营造普惠化的智慧生活。二是着眼产业创新,实施互联网金融、智慧航运、智慧商务、智能制造、智慧企业等建设,发展高端化的智慧经济。三是着眼运行可靠,重点推动城市综合管理信息化、食品安全管理信息化、环境保护信息化、公共安全信息化、智能化城市生命线建设,完善精细化的智慧城管。四是着眼透明高效,重点推动电子政务一体化、政府公共数据开放服务、公共信用信息服务平台应用,优化公共服务渠道,提升电子政务网络服务能级,建设一体化的智慧政务。五是着眼区域示范,围绕智慧社区、智慧村庄、智慧商圈、智慧园区、智慧新城建设,全面推进创新试点和应用示范,打造智慧城市新地标[①]。2016年,上海将全面建成与当前主流技术相匹配的宽带城市和无线城市。家庭光纤入户率达到60%,3G、4G用户普及率达到70%,4G网络基本覆盖全市域,公共场所无线局域网(WLAN)布局进一步优化,无线接入点突破20万个(贺小花,2015)。

2)智慧宁波建设

智慧宁波建设(彭继东,2012)内容主要集中在智慧交通、智慧医疗、智慧物流、智慧农业等方面。智慧交通建设方面,宁波通过优化城市骨架路网,完善公共交通网络,装备道路摄像机、智能卡口、LED显示屏、传感器等设备以及信息软件,建设城市道路交通监控系统、交通视频监控系统、高清拍摄系统和动静态交通诱导系统。智慧医疗建设方面,宁波通过数字化集成平台建立统一的医疗专业网、居民健康档案、就诊卡,实现卫生数据信息的管理和居民健康信息在医院之间的共享。智慧物流建设方面,IBM在宁波建立了全球首个智慧物流基地,宁波也

---

① 上海市推进智慧城市建设行动计划(2014—2016). http://www.sheitc.gov.cn/zxgh/665205.htm,发布日期:2014-12-17.

计划投入重金打造辐射全国的高端智慧物流信息服务平台,企业和物流单位可以登录平台,发布和承接运输任务,实现信息无缝对接,提高物流运输效率。在智慧农业建设方面,宁波在农业示范基地建设的基础上,推广应用信息化管理系统、农业专家咨询服务系统和农业电子商务,逐步实现农产品生产、加工、储藏、运输、营销等环节的科学化和智能化。

目前,宁波在智慧城市建设上已取得了明显成效。宁波市基本实现光纤入户覆盖主要城区,无线局域网覆盖机场、车站、学校、酒店、CBD等重要公共场所。基本完成市六区通信网络基础设施共建共享改造。在政府发布的《2012年宁波市加快创建智慧城市行动计划》中,提出继续推进信息网络基础工程和信息安全基础工程、政府云计算中心和基础信息共享工程建设、面向城市管理与服务的智慧应用工程和面向产业发展的智慧应用工程建设的建设,进一步提升智慧城市建设和应用水平。宁波市下一步推进智慧城市建设主要工作为:①明确分工,制定一批具体的扶持政策,形成"1+X"智慧城市政策体系;②完成智慧城市建设总体规划的编制和论证工作;③组建市信息化专家咨询委员会、规划研究院;④组建有关专业化投资运营公司;⑤推进"两大系统、两大基地"的试点工作;⑥继续抓好项目引进落地工作;⑦形成智慧城市博览会具体实施方案;⑧开展智慧城市相关干部培训。

3)智慧广州建设

广州市作为国家中心城市之一,积极贯彻落实党中央国务院的战略部署,在2011年确立了低碳经济、智慧城市、幸福生活三位一体的城市发展理念,提出构建与智慧新设施为树根,智慧新技术为树干,智慧新产业为树枝,智慧新应用和新生活为树叶的智慧城市树型框架结构,不遗余力的推进广州智慧城市的建设(陈建华,2014)。具体措施如下。

(1)建设平安城市。广州市在各街道、火车站等人员密集的公共场所安装了26.8万个监控摄像点,并利用模式识别、智能预警、虚拟巡逻等手段开展公共安全治理。

(2)建设智慧城管。广州市探索采用无线射频标签、传感器、卫星导航、视频监控、手持终端等设备实时采集城市管理信息,实现信息实时采集、监控和管理。

(3)建设智慧交通。广州市建设实时路况、停车诱导等信息服务平台,调节实时交通流量,减少道路拥堵。

(4)建设智慧生活。广州市大力推进智慧社保、智慧医疗、智慧教育、食品药品溯源等方面的建设,保障和改善民生,提升市民的生活品质。

(5)建设智慧环境。通过智能家居、智能建筑、智慧社区等示范工程以及智能水网、智能环境等工程,着力为广州市民营造智慧的生活环境和生态友好型的人居环境。

广州市智慧城市建设各项重点工程稳步推进并取得了阶段性成效。2012年,广州市被评为全国智慧城市领军城市,智慧城市发展水平位列全国第二;"智慧广州战略与实践"荣获2012年巴塞罗那世界智慧城市奖。广州市信息化基础设施达国际先进水平,建成了超级计算机中心和城市大数据信息资源库,多项智慧城市核心技术取得重要突破,信息产业发展迅猛,智慧城市建设阶段性成果已惠及全市1600万的市民,在广州足不出户,医疗卫生、公共安全、住房保障、城市交通、人居环境便一目了然、心中有数。通过智慧城市建设提升了城市精细化管理水平,提高了城市运行效率。为进一步推动广州智慧城市建设,广州市制定了下一步工作方向:一是进行顶层设计、电子证照、政策文件制定,加强统筹规划;二是建立和完善联席会议制度、市领导牵头负责制、评价指标体系,完善智慧城市推进机制;三是通过首席官信息制度、电子政务集约化云服务模式等,理顺管理体制;四是制定光纤到户、通信基站、通信管道、信息安全和智慧城市应用等标准规范;五是强化市财政信息化资金、智慧城市建设重大专项、战略性新兴产业发展资金、试点选购、产业链联动等创新引导;六是加强宣传培训,如开展干部培训计划、科技活动周、智慧城市论坛、就业培训、社区服务等活动。

二、华为"智慧城市"业务解决方案[①]

(一)"智慧城市"建设机遇和困境

智慧城市将人与人之间的 P2P 通信扩展到了机器与机器之间的 M2M 通信;通信网+互联网+物联网构成了智慧城市的基础通信网络;并在通讯网络上迭加城市信息化应用。智慧城市的热潮很大程度上缘于政府的推动,智慧城市的营造正成为全球城市之间竞争的基础要件之一,是证明一个城市信息化水平的"名片"、是保持城市竞争力的重要手段。另外,电信运营商(尤其是移动运营商)在市场趋于饱和并伴随着市场竞争的加剧,开始需求"蓝海"机会,电子政务、交通运输、城市安全等市政公共服务是一个规模庞大而具稳定收益的市场,是一块"肥肉"。

我国智慧城市建设虽然取得了不错的成绩,但也存在一些问题。一是缺乏有效规划,重复建设。信息化全局工作缺乏有效的规划,导致部分重复建设。二是信息孤岛现象严重。各部门、各行业都在信息化,但不能连接起来发挥综合效应。三是缺乏完整、科学的标准体系。缺乏统一的城市信息化标准体系,不同部门组织制订的信息化标准之间不协调。四是缺乏合适的运行管理模式。缺乏科学、实用的城市信息化建设的总体框架,缺乏适合不同类型城市使用的建设与运行模式。

(二)智慧城市解决方案介绍

1. 智慧城市全景图

智慧城市解决方案以建设数字政务、数字民生、数字产业的智慧城市平台为核心,保稳定、保民生、促增长(图 6-11)。

2. 智慧城市整体框架

智慧城市需要打造一个统一平台,设立城市数据中心,构建三张基础网络,通过分层建设,达到平台能力及应用的可成长、可扩充,创造面向未来的智慧城市系统框架。系统整体框架由 4 部分组成,分别为应用层、平台层、网络层、感知层(图 6-12)。

3. 智慧城市平台架构

华为 e-City 智慧城市平台包括提供第三方系统集成能力、系统资源共享能力、系统平滑演进能力、统一硬件/存储/安全方案、数据统一分析能力、快速的应用提供能力等功能,提供综合的应用支撑和管理能力(图 6-13)。

(1)快速的应用提供能力。通过应用模板、能力引擎,基于工作流引擎的开发环境,提供应用快速交付能力。

(2)第三方系统集成能力。定义标准接口,支持多层次集成:数据集成、能力集成、应用集成。

[①] 贺东林.智慧让城市腾飞——e-City 智慧城市解决方案研讨,2015.

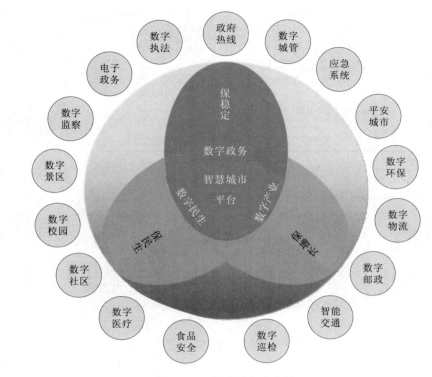

图 6-11 智慧城市全景图

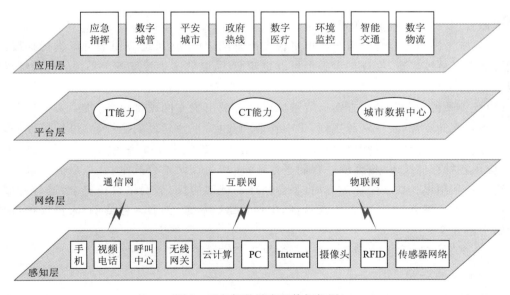

图 6-12 智慧城市整体框架图

(3) 系统资源共享能力。基于按需分配的资源，为智慧城市各类应用如数字城管、平安城市、数字景区、数字医疗等提供计算能力及海量存储资源。通过对数字城市应用所使用系统资

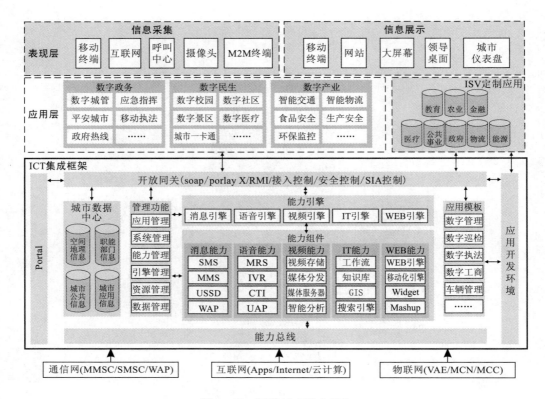

图 6-13 智慧城市平台架构

源的虚拟管理,提高系统资源的利用率。

(4) 系统平滑演进能力。智慧城市平台支持分期建设,在系统应用上可以进行扩展,在系统能力上可以持续丰富,在硬件设施上可以更新换代,能够实现智慧城市平台的可持续成长与发展。

(5) 统一硬件/存储/安全方案。智慧城市平台采用统一的硬件设备,集中安全控制,集中计算资源和存储资源,统一资源规划,集中管理和监控,平台建设安全性高、可扩展性好,易管理维护,降低了环境复杂度和整合难度,具有实用性。在存储方面,平台全面基于先进的 SAN 技术,应用各种存储技术,搭建统一存储平台,运用华为存储整合技术,获取最高性价比,大限度提高设备利用率。在安全保障方面,平台网络基础架构优化,网络设备安全,进行局域网访问控制、DMZ 区隔离、VPN+双因素认证,集中网络防病毒,部署入侵检测/入侵保护系统,确保网络平台安全。

(6) 数据统一分析能力。城市仪表盘为决策者提供统一的城市数据分析视图。

4. 智慧城市应用

智慧城市将通过建设宽带多媒体信息网络、地理信息系统等基础设施平台,整合城市信息资源,为市民提供无处不在的公共服务,为政府公共管理(市政监控、智能交通、电子医疗、数字旅游、城市安全等层面需求)提供高效而有竞争力的手段,为企业提升工作效率、增强产业能力,最终使城市在信息化时代的竞争中立于不败之地。

1) 数字政务篇

围绕贯彻国家信息化战略之电子政务战略行动计划和国家电子政务总体框架,强化资源整合、信息共享和业务协同,推进无线电子政务工程,构建移动政务平台,提高政府的执政能力和服务水平,促进服务型政府的建设。以政务信息资源开发利用与共享为核心,以关键业务应用系统建设为重点,以网络与信息安全体系建设为保障,推进无线电子政务,加强基础数据资源、政务信息资源建设,推动部门间信息共享和业务协同。

数字化城市管理系统。数字化城市管理系统是对城市运行情况进行全方位监督和管理的综合管理系统。该系统采用了万米单元网格管理法和城市部件管理法相结合的方式,整合应用了多项数字城市技术,创建了城市管理监督和执行分离协作的管理体制,实现了精确精细、敏捷高效和全时段、全方位覆盖的城市管理模式。

政务热线。政务热线是政府集中联络服务中心(图 6-14)。通过政务热线可以将公众对政府各部门的服务请求进行集中统一的受理和回复。可通过语音、视频、WEB、WAP、短/彩信、传真、邮件等多种途径为公众用户提供服务。实现了从窗口式服务向电子化服务的转变,为用户创造了良好的服务体验,提升了政府部门的公众形象。

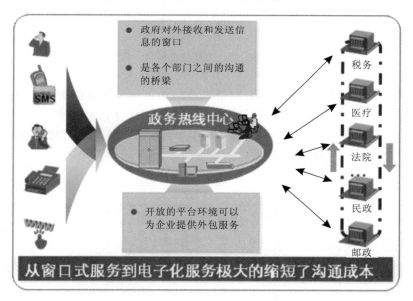

图 6-14 政务热线中心

应急指挥。政府应急平台综合应用 Internet、无线集群、GIS、卫星通信、无线通讯、音/视频、快速网间数据交换、决策支持等多种技术(图 6-15),调用并组织多部门、多行业、多层次的已有系统和信息资源,实现对突发事件处置全过程的跟踪、指挥。保障对相关数据采集、危机判定、决策分析、命令部属、实时沟通、联动指挥、现场支持等各项应急业务的响应,快速、及时、准确地收集到应急信息,为政府的科学决策提供有效的信息支持。应急指挥业务系统功能包括应急指挥预案管理系统、应急指挥地理信息系统、应急指挥电话会议及监控系统、应急指挥决策支持系统、应急指挥综合通讯系统。

电子政务。电子政务是政府机构应用现代信息和通信技术,将管理和服务通过网络技术

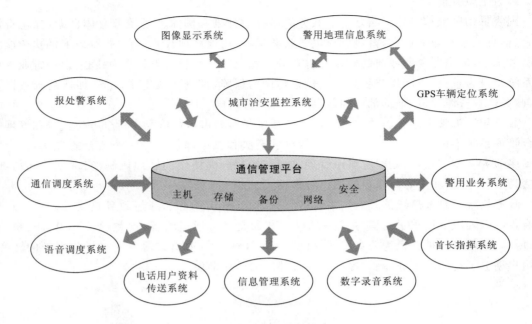

图 6-15 政府应急平台

进行集成,在互联网和无线网络上实现政府组织结构和工作流程的优化重组,超越时间、空间与部门分隔的限制,全方位地向社会提供优质、规范、透明、符合国际水准的管理和服务(图 6-16)。通过电子政务将政府职能从"管理主导型"转向"服务主导型",精简机构,加强行业管理与规范,进行政策宣传与教育,提高政府透明度、执政水平和政府管理效率。

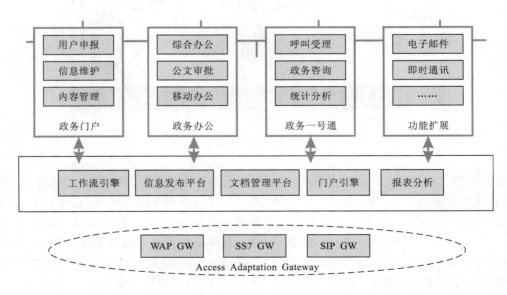

图 6-16 电子政务

2）数字产业篇

我们正处在一个大变革的时代,作为推动时代发展动力的数字产业,不仅为我们的世界不断贡献着新奇的技术、产品、观念,而且其产业发展也孕育着暴风骤雨,其产业格局正经历着有史以来最重大的变化。新的技术模式正在开启数字产业的新时代,数字产业的新时代将彻底改变我们的社会和生活模式。数字产业带来的科技创新对经济的复苏发挥着首要作用,为保增长、保就业、保稳定、创造和谐社会发挥关键作用。

数字景区。景区已经从开始的内部信息化走向互联网,从单纯的信息管理走向以服务为本的协同一体化服务,做到四上(手上,桌上,车上,路上)全程服务。游客或用户在任何时间、地点通过咨询平台、手机等便可查看信息或咨询、旅游、开展商务会议,将景区旅游、历史文化教育、学习、工作、咨询等融合一体,最终形成以公众服务为核心的一体化景区数字中心。

数字物流。数字物流解决方案基于无线网络、移动终端、PC终端的应用托管和平台服务,为物流相关企业提供语音、数据与多媒体应用相结合的"一站式"综合信息化服务(图6-17)。无论发货还是接货都通过登录网站就可以轻松记录、查明待运送的货物和空闲车辆的信息,以货架的形式展现给最终用户,使企业的各类需求得到最及时的帮助。对于有定期发货需求的企业,允许物流公司设定固定的排班送货,减少重复操作;企业不再需要为找物流、找货源、找车辆等琐事烦恼,数字物流系统可提供"Stop-here"的一站式服务。

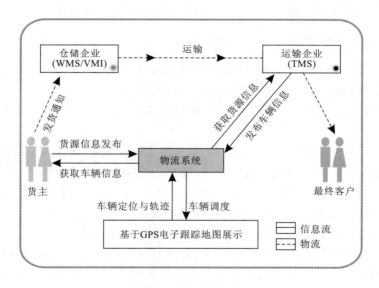

图6-17 数字物流

数字巡检。数字巡检是针对电信运营商、能源行业等管线巡检的新管理模式,利用数字化、信息化的措施来解决运维部门在运维巡检管理中监督困难的问题,针对施工工程的管理、日常运维巡检的管理、故障发现及上报处理流程等,通过手机现场拍照录像,进展、故障及GPS坐标上报,GIS地图服务,工作流处理等手段,辅助运维人员来进行监督管理,从而提高运维管理的效率。通过GPS定位,实现自动考勤,避免巡检员缺勤;支持轨迹方式设定巡检路线,避免巡检员漏检;巡检问题精确上报,避免谎报、误报,为运维部决策提供支持,为管线问题排除提供复合依据。

3）数字民生篇

随着通信技术、互联网技术、物联网技术的成熟与广泛应用,科技改变生活已经渗透到我们生活中的各个领域。在通信领域,以手机为例,目前中国手机用户达到 6.49 亿,手机通话、短彩信、手机上网、手机客户端软件的各种应用已经彻底改变人们的日常沟通。在互联网领域,目前中国网民已达 3.38 亿人,其中宽带网民 3.2 亿人,随着互联网搜索引擎、门户网站、虚拟社区、电子商务等多种应用,人们日常生活习惯已发生巨大变化。智能家电、远程抄表、远程教育、远程医疗、视频监控等应用已深入人们的日常生活,使人们的生活更加方便快捷、丰富多彩。科学技术的发展与应用,给人们的生活带来了日新月异的变化。

数字医疗。数字医疗解决方案致力于为运营商打造个人健康管理的服务平台,为终端用户和医疗机构之间搭建起沟通的桥梁。平台的一侧整合现有的医疗资源,提供专业医疗健康服务;另一侧是终端用户,他们可灵活地通过无线或有线的方式接入,实时获得各种医疗服务。运营商充分利用其网络资源和社会影响力,支撑该平台的运营。通过信息化手段,该平台将支撑起丰富多样、跨地域、实时的医疗健康服务,如慢病管理、紧急救助、孕婴保健、区域医疗等,从而优化医疗资源布局,缓解"看病难、贵"的问题。推动从治疗到预防的医疗模式转变。

数字社区。数字社区建设通过安装监控系统、报警系统、可视终端等数字化设施,不间断地监视社区各部位的情况,及时发现非小区业主长期无故滞留和防范人员的非法进入并及时报警;可视对讲提供住宅小区住户与来访者的音像通讯,保障小区安全。

(三)智慧城市运营模式探讨

从智慧城市产业链来看,政府能够把握城市信息化整体需求,统筹各部门协同运作,业务流程理解深刻,且直接面向群众。政府应是智慧城市建设的直接参与者和主导者。运营商在智慧城市建设中参与项目投资、承建、运维,进而转售或租赁给政府使用,提供基础通信和宽带网络。

运营模式是智慧城市成功的关键。目前,智慧城市运行模式主要有以下几种:政府独自投资、建网运营,代表城市为美国纽约;政府投资,委托运营商建网运营,代表地区为新加坡;政府指导(部分投资)运营商投资建网运营,代表城市为中国厦门;政府牵头,运营商建网的 BOT 模式,代表地区为中国台北;运营商独立投资建网运营,代表地区为日本东京。而无论采用哪种运营模式,政府、运营商和用户都是智慧城市产业链的重要组成部分。

政府能够把握城市信息化整体需求,统筹各部门协同运作,业务流程理解深刻,且直接面向广大群众,应该是智慧城市建设的主导者和重要决策者。而且政府可以通过智慧城市建设提高办公效率,提升政府执政形象。智慧城市的最终用户是政府和群众,最大受益者是群众,市民是智慧城市建设的服务对象,智慧城市建设以市民需求为导向,满足市民日常生产生活需求。运营商在智慧城市建设中参与项目投资、承建、运维,进而转售或租赁给政府使用,提供基础通信和宽带网络,是智慧城市建设的直接实施者。因此,智慧城市建设需要政府、运营商和用户共同发挥作用。

智慧城市的"智能＋互联＋协同"在建设上强调发挥共用、复用的协同效应。对原有城市信息化系统以"逻辑一体,物理分离"的理念积极实行整合、改造,新建项目则强调"交换共享,资源统筹"的原则,通过改变现有 EPC(工程总承包)为主的建设模式,积极推广 BOT(建设—运营—移交)、BT(建设—移交)、集中运营服务、运营租赁服务等模式,统筹用好现有资金与未来收益的结合。积极引入社会资源进行联营、项目置换等多种方式,尝试引入市场化方式推广服务外包、政务业务外包等模式,以减少政府财政支出,提高行政效率,争取市场运营、实现多赢,从而体现政府的投资收益。

三、IBM 智慧城市白皮书

(一)智慧城市愿景

随着城市的数量和城市人口的不断增多,对城市的功能需求增加,城市被赋予更多的经济、政治、技术的权力,使得城市在未来社会变革中扮演核心角色。但同时城市发展也面临着众多挑战,例如城市面临着极其重大的健康保险问题,如艾滋病、婴儿死亡率等;城市行政系统费用支出与城市系统不平衡;低效率的交通系统导致运营费用的增加;居民消费和通信的需求得不到满足;水资源短缺影响社会稳定和生活质量;当前的能源管理监控系统常常不能提供稳定的检测并且管控效率低下,在安全和效率方面需要改进。

面对这些挑战和问题,原有的城市发展模式不得不进行转变。城市必须使用新的措施,使城市管理变得更加智能。城市必须利用新的技术和科技去改善城市管理水平和效率,从而最大限度地优化和利用有限的资源,这即是所谓的智慧城市。一个智慧城市所展现的是一种可持续发展能力,新科技为一个城市核心系统的设施、链接和智能提供了更为广阔的应用范围。但是成为智慧城市需要一个渐进的过程,必须提前做好革命性转变的准备。

成为智慧城市的策略是:在城市发展过程中,在其管辖的环境、公用事业、城市服务、公民和本地产业发展中充分利用信息通信技术(ICT),智慧地感知、分析、集成和应对地方政府在行使经济调节、市场监管、社会管理和公共服务政府职能的过程中相关活动与需求,创造一个更好的生活、工作、休息和娱乐环境,为了抓住机遇和构建可持续的繁荣,城市需要变得更加"智慧"。

(二)中国城市信息化和智慧城市建设[①]

1) 背景的相同性

为实现工业化和现代化,中国必须加速推进国家信息化建设,并选择重点领域进行突破。由于现代城市在区域经济和社会发展中具有重要作用,大规模城市化又是中国经济持续高速增长的根本动力之一和未来中国经济社会建设的重点,因此中国必须重视城市的信息化建设。IBM 提出如何运用先进的信息技术构建新形势下新的世界运行模型的愿景——"智慧地球"。从应用领域上看,下阶段信息科技发展的重要方向是向城市、社会和各行各业的深入,必须注重信息技术在城市中的普及及应用,这就催生出"智慧城市"的理念。即充分利用新一代信息技术,以整合化、系统化的方式管理城市的运行,让城市的各个功能批次协调运作,为城市中的企业提供优质服务和无限创新空间,为市民提供更高的生活品质。

中国的城市信息化和 IBM 的智慧城市建设背景和出发点都是经济社会的全面发展,其提出都是基于对城市发展和信息化建设重要性的认识。

---

① 赛迪. 中国城市信息化建设与 IBM 智慧城市的契合度,p18-20. 来源于 2009 年版《智慧城市白皮书(IBM)》。

2）内容的相连性

中国城市信息化的内容主要包括网络与信息资源建设、城市管理与运行、社会和社区综合服务以及产业发展和经济运行四个方面。IBM的智慧城市则从更透彻的感知、更全面的互联互通、更深入的智能化等方面进行概述。更透彻的感知是指通过城市中遍布各处的智能设备将感测数据收集，使所有涉及到城市运行和城市生活的各个重要方面都能被有效地感知和监测起来。更全面的互联互通是指通过网络和城市内各种先进的感知工具的链接，整合成一个大系统，使手机的数据能够充分整合形成城市运行的全面影像，方便城市管理与生活。更深入的智能化则在数据和信息获取的基础上，通过使用传感器、先进的移动终端、高速分析工具等，实时收集并分析城市中的所有信息，以方便政府和相关机构作出决策并采取措施。

中国城市信息化和IBM智慧城市的内容密切联系。要实现更透彻的感知和更全面的互联互通，必须要做好城市网络基础设施建设；要收集并整合数据信息实现智能化处理功能，必须建设好各类信息资源数据库和信息系统。当感知水平、互联互通水平和智能化水平达到一定程度时，在具体领域就会形成各种与城市管理和运行息息相关的具体应用，进而支撑城市管理与运行、社会和社区综合服务以及产业发展和经济运行。

3）目标的一致性

城市信息化的目标是通过信息化完善城市服务功能，提高城市管理、人民生活和城市环境的质量，并为行业信息化、企业信息化和社会信息化在城市中的发展提供良好的环境，其最重要和直接的作用是提高城市公共管理效率、优化社会环境，使市民享受到高质、便捷、安全的生活，使工商业者能够获得更加优质的经营环境。

智慧城市同样能够实施了解城市中发生的突发事件并适当、及时地部署资源以做出响应，能够提供"一站式"政府服务，能够更好地进行监控以便有效地预防犯罪和开展调查，能够帮助规划和创造更有竞争力的生活环境和商业环境以吸引更高素质的人才和更多的投资者，实现政府不同部门之间的整合以及与其他私营机构的协作，使市民享受到更高效的政务服务。

可见，使信息收集和获取渠道更通畅，使城市管理水平能力更强，使市民生活水平更高，使城市经济社会发展环境更好，是城市信息化和智慧城市共同的目标和作用。

4）建设方案的结合性

城市信息化建设包括三个阶段：城市信息基础设施建设阶段、城市信息化的初级应用阶段、城市信息化的重点应用阶段。每个阶段都存在规划和落实问题，必须制定出与当前阶段相适应的办法和实施框架。智慧城市建设也是一个规划和实施的过程，通过更透彻的感知系统，实现更全面的互联互通，最后实施更深入的智能化管理。

智慧城市是城市信息化在当前的一个完整的、具有突破性的落实方案。它为加强网络和信息资源库建设，为面向城市发展更好地开发应用和提供服务，为使基础设施和创新应用协同运作提供了新的思路和具体而系统的解决方案。智慧城市建设与城市信息化建设高度结合。

（三）中国智慧城市建设方案[①]

1. 智慧医疗

目前，IBM和中国卫生部已经开展了合作，并帮助相关部门编写一些政策性文件。在操

[①]《智慧城市白皮书(IBM)》，2009年8月，p23-42。

作上，IBM 在建立电子病历和电子健康档案时强调要结合临床医学，数据收集要直接深入地方医护工作站和一线临床，并且进行全面记录。从最小数据集建立、标准化方法论到标准本身，IBM 正在和卫生部及其下属标准化组织编写详细的行业标准。在标准实施上，IBM 帮助卫生部建立数据共享平台，该平台定义了数据提供者和数据消费者，用来测试系统的互操作性。企业在做系统的时候，可以在平台上把自己定义成数据的任何一方。按照测试结果，卫生部会根据标准对企业互操作性予以认证。同时，根据结果，IBM 可以帮助企业把病历语义化，同时提供工具梳理企业数据库或医院信息系统里重复的电子病历。当语义化电子档案普及到所有医疗机构，会产生一个巨大的关于疾病症状和诊断的数据库。通过一个具有强大运算能力且操作方便的系统平台展示给临床科研人员，帮助他们提高处理复杂运算和数据分析的能力，加速科研过程。

IBM 目前所有解决方案的思路都是和卫生局三甲医院共同研发出来，是面对医院甚至是医院和卫生局的，合作模式是先帮助他们建立标准化的数据库和临床信息平台。广东省中医院就是其中一个例子。IBM 为广东省中医院在临床信息管理、基础数据应用方面，引入开放标准框架下的信息整合技术，支持医院的信息共享基础业务模式和基本互操作，并具备在共享区域健康档案方面的延展性。该项目将帮助医院解决复杂的临床信息集成问题，把中医院历史积累当中有科学内涵的内容转化成现代人能理解的语言，让人很容易掌握、传承应用，提高临床信息的再利用能力。同时，通过平台、总院和分院实现信息共享，提高了医院辐射区域医疗信息应用与共享服务能力。这套支持临床诊断、教学科研、质量管理的信息一体化综合解决方案（CHAS）是区域医疗领域建设的一大突破。

2. 智慧食品

目前，国家已经实施条码制度，加强食品监控。但是对条码记录信息、上传部门、后期信息管理等还缺乏一个统一标准。IBM 强调标准的制定应该和市场前端的应用一起实施，根据不同地区的监管诉求做出合适的调整。第一，针对城市中的个人、企业和政府对于食品安全同一链条上的不同层面的诉求，建立追踪系统、生产评估系统和应急制度，可以帮助生产、流通和监管部门优化管理。通过追踪系统，从农、林、畜、牧、渔、食品的生产，到原料加工和食品，中间的运输物流环节，食品的销售环节，再到市民的餐桌上，对于这一闭合圈进行全程监控，并实时通过网页和各种标签、条码查看记录信息，从而帮助供应链上的各个企业明确责任，把控内、外部风险，确保市民吃上放心食品。第二，建立一整套行之有效的生产评估系统，原材料生产企业、食品加工和深加工企业可以通过数学建模的方式把食品质量和每个生产工艺联系起来，分析每个工艺背后的风险。根据内部管控措施，判定最后食品安全风险有多高，严格符合行业标准和国家的要求。第三，是制定食品行业应急机制，包括食品安全早起预警和食品安全突发问题应急管理。IBM 在食品安全方面有着很多实践经验。IBM 认为食品领域不是垂直顺线，而是发生在不同区域内，是一个集合；从养殖、生产、销售、消费环节，从原材料变成食品、半成品，需要的是一个复杂的、多方联动的管理布局。食品安全生产、监控、管控、紧急情况处理等都需要处理海量数据和大系统集成的能力。而这些能力需要有数学能力、研发能力。IBM 有着多年的行业经验和优秀人才来解决这些问题。现在，IBM 正在帮助一些地区，选择试点，推荐龙头企业，从每一个试点做起，把"智慧的食品"在中国构筑起来。

3. 智慧交通

IBM 在 2008 年开始跟公共事业部接触，尝试携手当地市政部门推行交通行业数据标准，使各个部门之间的数据无障碍对接成为可能。同时，IBM试图整合多方力量，在硬件及交通数据方面，海信提供了大量的交通硬件设施，并有着丰富路网及城市道路交通数据；在系统集成、数学建模、数据处理及分析方面，IBM在业界有着强大的实力；清华大学的专家学者对于行业和地区经济有着深刻洞察；地区政府有能力可以实现跨部门调配资源；携手企、政、学界将帮助IBM为中国众多城市量身定制交通解决方案，逐步解决城市道路问题。目前，参与的城市包括昆明、兰州、北京，项目设计了快速收费系统和交通流量预测工具，以帮助城市制定合理的规划和管理车流，提高交通出行服务质量。

与此同时，IBM对于交通的思考还延伸到航空、水运、公路和铁路等领域。2009年6月11日，IBM全球首个铁路创新中心在北京落户。IBM希望中心可以带来整合世界客运铁路最佳的实践经验、管理理念，并结合中国特有的需求，为世界梳理铁路客运服务的新规范、新的安全标准。为此，IBM针对中国目前的铁路状况，从安全性、铁路运力以及高效运转三方面着手，为中国铁路系统提出了一整套解决方案，并决心携手铁路系统的利益相关者一起打造属于中国的智慧铁路。

4. 智慧的水

科学水管理和治理的第一步在于实施全面日常监督工作，实施掌握水环境。城市需要对流域整体分布、水流、水质、自然降水、人工蓄水、生活用水、工业用水、污水排放进行实时信息采集，记录在案，全面监控，实现共享。通过对这些采集的数据进行处理与分析，为各用水单位和管理机构提供决策依据。第二步是加强对水污染和突发事件的响应，包括预警和预测。如对水质制定相应指标，用颜色表示水质清洁情况，通过实时监控水质变化，环保部门可以对周边用水和排污状况是否会导致潜在危机发出预警。一旦出现污染，城市应急部门根据监测数据结果判定污染地点、污染源、污染程度，及时做出污染处理紧急方案，在最短时间内解决问题。

解决"智慧的水"应用体系问题，就其根本，核心基础可以通过一个或数个互联互通的数据平台和复杂的数学模型分析延展开。在实际业务操作上，IBM正在与多个地区环保部门和专注于水领域的一些大学、研究机构展开合作，建立一个高规格合作框架来协助制定国家标准、构建参考系统。IBM同时正在和水行业领导企业进行深层次合作，以实现对流域整体分布、水流、水质、自然降水、人工蓄水、生活用水、工业用水、农业用水、污水排放进行实时信息采集，记录在案，全面监控，搭建数学模型对采集数据进行快速处理与分析，通过一个开放的数据整合平台共享给市政、企事业各方机构和公众。政府、自来水公司、污水处理和建设公司可以依据合理规划流域内工厂和农业灌溉数量、位置和规模；科学计划域内和周边城市、工业和农业用水和调水；科学管理污水排放、回收、清洁、再利用；及时预知城市管网、输水、水压力的建设情况，根据要求对各种基础设施进行维护、检修和建设；共同部署实施"智慧的水"，在不增加自然水量的前提下通过水资源科学保护、使用、管理和治理为解决水问题提供实践，建设绿色的生态城市。

5. 智慧的电力

早在2006年，IBM就提出了智能电网的概念。智能电网的概念引入"信息流"概念，实现传输能源的同时实现数据的采集。通过优化模型对数据进行深度挖掘和分析预测电能流的情况，为发电、输电、配电、用电各方及监管单位提供信息决策，最终实现清洁发电、高效输电、动态配电、合理用电的智慧电力的目标。

智能电网要求对传统的物理设备进行大规模改造,电网的建设和改造是一项巨额投资。在电源企业的投资方面,尤其在新能源投资方面,通过信息的收集、经济圈和城市需求的分析预测,可以让电源企业更快、更及时地了解发电和输电情况,同时还可以分析更多的信息比如风力情况、实施情况和风力的综合预报。这些信息的收集和分析可以合理进行电厂的选址、规划和布局,同时合理安排接入电网的方式,合理安排电厂和电网之间的调度,向工业和民用户进行科学的配送。此外,IBM iGAP(Intelligent Grid Analysis Planning)"智能电网评估和投资优化辅助决策"解决方案,可以帮助政府和电网企业及时预测重要区域和城市的用电需求分布、分析工业用户和民用户的结构性、时间性差异变化,收集这些信息并分析趋势和进行数据预测,同时结合现有电网的改造情况,分析制定多种解决方案,协助政府和电网企业进行决策。

电网建设、升级、维护所带来的生产管理和停电问题,也牵动着企业生产和城市居民生活。在城市电力配送方面,对于中国几大经济圈层的重要城市,城市快速发展且经济总量逐步扩大,配送的波峰和波谷会有较大的差异性,对于电力公司的输配网络要求反应迅速且能承载相当的负荷。IBM 提出了 IDOP(Integrated Distributed Outage Planning)"智能停电优化"的解决方案,帮助企业收集相应的数据,通过量化分析和优化模型,帮助电力公司有效地组织和安排生产和停役,确保电力公司能够提供安全、优质的服务,解决电网运营的实际问题。

此外,对于工业和民用户的电量数据监测也将成为未来需求预测的重点。通过改造后的智能电表进行电量数据的实时传送,使电力公司可以实时观测到用户用电情况,从而判定每户的合理用电量和分析用量高峰,尽量降低峰谷差,节约运营成本,提升管理水平,提升电网运营的效率,改善电网配送效能。同时,针对重要的工业客户进行定制,通过电表感知,通过系统信息的传递和交付互联,综合分析后提供智能决策信息,从而达到对电能综合高效的利用。并且,对于用户来说,消费者一方面可以节能环保,另一方面可以得到更多的实惠,电价更便宜,成本更低,有更好的用户体验。IBM 提出的 AMM"智能电表"解决方案可以很好地提供这样的服务。

6. 城市规划

IBM 有着多年海量人口、经济、地理等信息收集和分析的经验,有着自身的海量数据分析和优化工具,在应变处理和数学建模方面卓有成效,同时提供软硬件的工具,提供科学合理的规划布局优化方案。对于新城的规划方面,通过地理和人文的信息预测,可以清晰地认知城市未来计划的人口数量和增长趋势。根据城市的发展策略和经济特点,市政部门可以在不同的地理位置设定功能区域规划,包括工业园区、物流园区、中央商务区、居住卫星城、医院、警署、大学城、文化场所、运动设施、图书馆等城市配套服务设施。城市的管理和服务者们在建设和规划这些设施的同时,利用城市的总体规划、配套服务和市场化的手段,引导、孵化和吸引商业、服务业、零售业、银行等进入城市的各个片区,达到完美和谐的智慧城市功能布局。在老城区的规划方面,通过分析经济快速发展和功能定位的差异、人口数量和结构性的变化,市政部门同样可以制定城市调整和优化解决方案,比如老工业区的拆移、外迁和升级改造计划,老的商业、居住、城中村的改造和功能再定位。

此外,在规划城市的同时,IBM 还建议城市管理者有责任通过数据建模等一系列手段,把城市功能定位和发展方向变成一个真正可以实施、可以量化和可以衡量的目标,用市场化的手段吸引投资企业,使得投资企业发展可以配合和获益于城市整体发展。在符合城市大的功能定位基础上，寻找最富有竞争力的布局策略和最优市场汇报的网店选址，双方共同建设完美的城市。目前，IBM 正在为东北某重工业城市新区建设、珠三角、长三角的物流园区和工商企业新设选址等提供科学的端到端的系统解决方案。

7. 应急管理系统

IBM"智能应急预案建模与分析系统"建立应急预案体系模型用于定义和标识预案的每一个责任、责任人个体、应急处理过程所需要完成的任务，通过这样一个集合工具完成预案质量评估计算模型，评估预案文件和分析遗漏细节，从而帮助政府官员和企业制定具备可执行性的预案框架。此外，IBM 还提供预案体系模型，还原灾难正式场景，对于应急预案进行检验。举例来说，在美国 Walson 实验室，IBM 帮助美国 FEMA（联邦应急管理委员会）模拟飓风登陆城市的场景，政府机构组织应急物资配给，确认物资和数量分别在什么应急储备中心存放、要存放多少、采取什么路线配给，在最短时间有效的交给灾区，确认属于多个部门之间的协同关系，及一系列仿真和模拟工作，从而记录在应急预案建模体系里面，做到事件来临时，各方可以明确各自工作任务。

目前，IBM 开始和北京师范大学（民政部减灾中心、教育合办的应急研究院）及其他专业研究机构合作，以灾害风险分析及应急仿真为突破口，从专业领域角度深度研究中国城市的应急预案优化课题，比如台风分析、洪水等。在城市合作方面，IBM 帮助一些地区建立应急指挥中心系统，实现灾情信息及时上报，包括突发事件地点、事件规模、灾情汇报人员，通过指挥中心后端的呼叫中心录入数据库，汇集应急信息。应急办公室和不同协同部门可以通过基于 SOA 的应急系统平台统一沟通、协调作业。如果在户外，可以通过无线通讯工具查询处置内容和所需信息，比如应急储备物资的储存地点、数量和最短运输路线等。

8. 绿色供应链

IBM 指出一个智慧的供应链可以通过绿色供应链解决方案、供应链网络优化平台和碳足迹追踪系统，分析供应链体系结构跟物流体系结构，通过数据分析跟优化找出更好的供应链和物流设计方式，获益企业不仅是物流企业。从长远看，全面掌握每个行业的碳足迹可以帮助政府科学计划和管理企业、城市，甚至是国家的碳排放量，优化产业结构。绿色供应链的基本原理是对物流、运输、仓储的研究，包括通过不同运输方式优化组合，降低供应链运输中的碳排放量，采用何种包装方式可以使产品更加绿色化；仓储过程中采取何种方式，可以使整个供应链跟物流的体系更加绿色。

IBM 开展绿色供应链的研究和实施已经有很多年了，开发出很多像 SNOW 和碳足迹这样的分析模型和解决方案。IBM 已经帮助了很多像中远物流这样的领先企业的供应链体系更加绿色化，帮助国家更加节省能源。此外，处于对国家可持续性发展的策略统筹，IBM 还在不断选择一些重点行业，在行业发展上进行重点分析，研究产业结构如何支持城市和谐发展。如中国最大的一家物流公司通过每天采集物流和企业供应链相关数据，利用 SNOW 供应链网络优化平台，计算车辆行驶路径，优化配载计划，发展储量提升空间，实现更满车载货物运输，降低每个分销中心库存，用更少分销中心支持更多最终客户。同时，在梳理物流和供应链流程中，利用碳足迹追踪技术，分析碳路径，分辨二氧化碳瓶颈点，根据更远分析和因果关系研究结果，优化供应链和物流环境，使体系更加清洁。绿色供应链优化方案，从供应商到供应商、客户到客户，触及整个价值链所有环节，使这家物流公司每年运输成本降低 23%，一年降低将近 10

$\times 10^4$ t 二氧化碳排放量,实现企业固定成本减少、利润增加的同时,帮助国家节省能源,实现经济良性、可持续发展。

9. 智慧园区

IBM 中国研究院集成云计算等最先进的信息技术,打造"软件服务创新孵化平台",为中国高科技园区面向服务发展、转型,提出了一个全新的模式,该平台已经成功实践于无锡软件园。该平台是 IBM 为了支持中小型企业服务市场而开发的一套创新、高效、可复制的解决方案。它基于网络应用服务平台,拥有一系列独特功能;微软件应用提供多租户管理服务;自动进行服务申请,客户管理和分析等应用服务运行管理;保护企业应用服务免受网络攻击,为客户导向的组合型应用服务提供数据同步,分布式 ID 映射与联邦管理;帮助软件企业的知识复用,开放式软件开发,知识产权监管和团建外包测试等系统等。

"软件服务创新孵化平台"具有开发、应用和管理多种功能,既能协助软件企业实现基于该平台所开发的服务应用,又能够协助园区实现服务管理。企业可以使用园区提供的 IT 资源,进行项目孵化、开发及测试。这样节省了开发成本,降低了 IT 维护成本,提高了对需求的响应速度,使其快速为终端客户提供软件外包服务。"软件服务创新孵化平台"的另一创新功能体现在园区管理服务上,和以往的开发模式不同,园区提供开发和服务平台,并不需要企业一次性支付开发费用,而是按照企业的使用时间和程度,采取按需付费的模式。软件开发商可以利用该平台提供的先进技术与业务模式,开发创新的软件服务业务模式(SaaS),实现从软件开发商到服务提供商的提升,提高客户忠诚度、持续获得利润能力。

四、实验练习

(一)了解智慧城市研究现状

实验要求:请广泛查阅文献,从智慧城市的理念、原理和建设模式三个方面综述智慧城市在国内外的研究现状。

(二)了解学校所在城市智慧城市建设现状

实验要求:①请广泛查阅学校所在城市媒体信息,了解其智慧城市建设现状,并用不少于300 字进行概述;②实地参观学校所在城市"智慧城市建设试点项目",指出其先进之处,并尝试提出进一步改进建议。

主要参考文献

Chang K T. 地理信息系统导论[M]. 8版. 陈健飞,等,译. 北京:科学出版社,2016.
陈博. 智慧城市建设模式亟待突破[J]. 信息化建设,2013(5):28-30.
陈建华. 智慧城市建设提升城市总体实力[J]. 中国信息界,2014(11):24.
程茜. 长沙市数字化城市管理建设研究[D]. 长沙:湖南大学,2012.
邓中伟. 面向交通服务的多源移动轨迹数据挖掘与多尺度居民活动的知识发现[D]. 上海:华东师范大学,2012.
封志明,杨艳昭,丁晓强,等. 气象要素空间插值方法优化[J]. 地理研究,2004,23(3):357-364.
关兴良,方创琳,罗奎. 基于空间场能的中国区域经济发展差异评价[J]. 地理科学,2012,32(9):1055-1065.
郭庆胜,杨族桥,冯科. 基于等高线提取地形特征线的研究[J]. 武汉大学学报:信息科学版,2008,33(3):253.
何红艳,郭志华,肖文发. 降水空间插值技术的研究进展[J]. 生态学杂志,2005,24(10):1187-1191.
何荣坤. 数字化城市管理信息系统基本原理[M]. 杭州:浙江大学出版社,2006.
贺小花. 上海 智慧上海建设独领风骚 创下耀眼成绩[J]. 中国公共安全,2015,(9):44-52.
胡慧琴. 青岛市数字化城市管理研究[D]. 秦皇岛:燕山大学,2014.
胡玲. 城市规划管理信息系统设计与实现[D]. 成都:电子科技大学,2006.
黄飞飞,张小林,余华,等. 基于空间自相关的江苏省县域经济实力空间差异研究[J]. 人文地理,2009,24(2):84-89.
康苹,刘高焕. 基于耗费距离的公路网络路径分析模型研究——以珠江三角洲公路网为例[J]. 地球信息科学学报,2012,9(6):54-58,132.
黎林峰,叶嘉安. 地理信息系统新的机遇与挑战[J]. 中国建设信息化,2016(1):6-7.
李翀,杨大文. 基于栅格数字高程模型DEM的河网提取及实现[J]. 中国水利水电科学研究院学报,2004,2(3):208-214.
李德仁,姚远,邵振. 智慧城市的概念、支撑技术及应用[J]. 工程研究——跨学科视野中的工程,2012,4(4):313-323.
李军,游松财,黄敬峰. 中国1961—2000年月平均气温空间插值方法与空间分布[J]. 生态环境,2006,15(1):109-114.
李俊晓,李朝奎,殷智慧. 基于ArcGIS的克里金插值方法及其应用[J]. 测绘通报,2013(9):87-90.
李巍,宁殿民,刘延宏. 城市管网信息系统的设计与建立[J]. 鞍山钢铁学院学报,2002(2):137-140.
李新,程国栋,卢玲. 青藏高原气温分布的空间插值方法比较[J]. 高原气象,2003,22(6):565-573.
李元臣,刘维群. 基于Dijkstra算法的网络最短路径分析[J]. 微计算机应用,2004,25(3):295-298.
林忠辉,莫兴国. 中国陆地区域气象要素的空间插值[J]. 地理学报,2002,57(1):47-56.
凌勇,彭认灿. 基于明暗等深线与分层设色的海底地形立体表示方法研究[J]. 海洋测绘,2009,29(4):29-31.
刘登伟,封志明,杨艳昭. 海河流域降水空间插值方法的选取[J]. 地球信息科学学报,2012,8(4):75-79,83.
刘旭华,王劲峰. 空间权重矩阵的生成方法分析与实验[J]. 地球信息科学,2002,4(2):38-44.
刘学锋,孟令奎,李少华,等. 基于栅格GIS的最优路径分析及其应用[J]. 测绘通报,2004(6):43-45.
刘洋,董事尔,刘倩,等. 玻璃钢管的应用现状及展望[J]. 油气田地面工程,2011(4):98-99.

刘洋. 城市综合管网信息系统的设计与实现[D]. 武汉:武汉大学,2005.
刘瑜,高勇,张毅. 基于耗费场的最优路径算法研究[J]. 地理与地理信息科学,2004,20(1):28-30.
毛峰. 基于多源轨迹数据挖掘的居民通勤行为与城市职住空间特征研究[D]. 上海:华东师范大学,2015.
牟乃夏. 城市管网地理信息系统的数据模型与数据集成机理研究[D]. 武汉:中国地质大学,2006.
彭继东. 国内外智慧城市建设模式研究[D]. 长春:吉林大学,2012.
秦智慧. 基于MicroStation的城市管网信息系统设计与实现[D]. 长沙:中南大学,2005.
曲均浩,程久龙,崔先国. 垂直剖面法自动提取山脊线和山谷线[J]. 测绘科学,2007,32(5):30-31.
尚进,张健. 地理信息系统推进智慧城市建设——专访中国科学院院士、武汉大学测绘遥感信息工程国家重点实验室主任 龚健雅[J]. 中国信息界,2013(5):12-15.
宋小冬,叶嘉安,钮心毅. 地理信息系统及其在城市规划与管理中的应用[M]. 2版. 北京:科学出版社,2010.
苏方林. 基于地理加权回归模型的县域经济发展的空间因素分析——以辽宁省县域为例[J]. 学术论坛,2005,(5):81-84.
隋殿志,叶信岳,甘甜. 开放式GIS在大数据时代的机遇与障碍[J]. 地理科学进展,2014,33(6):723-737.
孙贤斌,刘红玉. 基于生态功能评价的湿地景观格局优化及其效应——以江苏盐城海滨湿地为例[J]. 生态学报,2010,(5):1157-1166.
孙毅中. 城市规划管理信息系统[M]. 2版. 北京:科学出版社,2011.
覃文忠. 地理加权回归基本理论与应用研究[D]. 上海:同济大学,2007:1-208.
谭仁春,杜清运,杨品福,等. 地形建模中不规则三角网构建的优化算法研究[J]. 武汉大学学报:信息科学版,2006,31(5):436-439.
汤国安,龚健雅,陈正江,等. 数字高程模型地形描述精度量化模拟研究[J]. 测绘学报,2001,30(4):361-365.
汤国安. 我国数字高程模型与数字地形分析研究进展[J]. 地理学报,2014,69(9):1305-1325.
汤庆园,徐伟,艾福利. 基于地理加权回归的上海市房价空间分异及影响因子研究[J]. 经济地理,2012,32(2):52-58.
王根祥,李宁,王建会. 国内外智慧城市发展模式研究[J]. 软件产业与工程,2012(4):11-14.
王劲峰,孙英君,韩卫国,等. 空间分析引论[J]. 地理信息世界,2004,2(5):6-10.
王喜,秦耀辰,张超. 探索性空间分析及其与GIS集成模式探讨[J]. 地理与地理信息科学,2006,22(4):1-5.
王振波,陈筠婷,祁毅. 中国城市规划管理信息系统研究综述及展望[J]. 规划师,2009(6):86-90.
王佐成,薛丽霞,汪林林,等. 基于WebGIS的城市规划管理信息系统设计[J]. 重庆邮电学院学报(自然科学版),2006(2):264-267.
吴樊,俞连笙. 基于DEM的地貌晕渲图的制作[J]. 测绘信息与工程,2003,28(1):31-32.
吴开松. 论数字城市政府管理理论创新[J]. 城市问题,2012,(1).
吴信才. 地理信息系统原理与方法[M]. 3版. 北京:电子工业出版社,2014.
薛树强,杨元喜. 广义反距离加权空间推估法[J]. 武汉大学学报:信息科学版,2013,38(12):1435-1439.
杨德麟. 数字地面模型[J]. 测绘通报,1998,3:37-38.
杨励雅,池海量. 城市市政公用设施数字化管理[M]. 北京:中国人民大学出版社,2009.
杨效忠,刘国明,冯立新,等. 基于网络分析法的跨界旅游区空间经济联系——以壶口瀑布风景名胜区为例[J]. 地理研究,2011,30(7):1319-1330.
姚永玲,[美]哈尔. G. 里德. GIS在城市管理中的应用[M]. 北京:中国人民大学出版社,2005.
岳文泽,徐建华,徐丽华. 基于地统计方法的气候要素空间插值研究[J]. 高原气象,2005,24(6):974-980.
臧露. 城市规划管理信息系统的设计与实现[D]. 南昌:东华理工大学,2013.
张萌. 昆明市数字化城市管理研究[D]. 昆明:云南财经大学,2014.
张鹏程,丘广新,张秀英,等. 广州市城市地下管线管理平台建设思路及探讨[J]. 城市勘测,2014(6):100-

104.

张松林,张昆. 全局空间自相关 Moran 指数和 G 系数对比研究[J]. 中山大学学报:自然科学版,2007,46(4):93-97.

赵作权. 地理空间分布整体统计研究进展[J]. 地理科学进展,2010,28(1):1-8.

赵作权. 空间格局统计与空间经济分析[M]. 北京:科学出版社,2014.

周成虎,裴韬. 地理信息系统空间分析原理[M]. 北京:科学出版社,2011.

朱会义,刘述林,贾绍凤. 自然地理要素空间插值的几个问题[J]. 地理研究,2004,23(4):425-432.

朱庆,陈楚江. 不规则三角网的快速建立及其动态更新[J]. 武汉测绘科技大学学报,1998,23(3):204-207.

朱求安,张万昌,余钧辉. 基于 GIS 的空间插值方法研究[J]. 江西师范大学学报:自然科学版,2004,28(2):183-188.

朱顺痣. 基于 Geodatabase 城市综合地下管线管理系统的研究与实践[D]. 厦门:厦门大学,2007.

Anas A,Arnott R,Small K A. Urban spatial structure[J]. Journal of economic literature,1998,36(3):1426-1464.

Anselin L. Local indicators of spatial association—LISA[J]. Geographical analysis,1995,27(2):93-115.

Brauer Michael,Hoek Gerard,van Vliet,Patricia. Estimating long-term average particulate air pollution concentrations:application of traffic indicators and geographic information systems[J]. Epidemiology (Cambridge,Mass.),2003,14(2):228-239.

Brunsdon C,Fotheringham A S,Charlton M E. Geographically weighted regression:a method for exploring spatial nonstationarity[J]. Geographical analysis,1996,28(4):281-298.

Carroll S S,Cressie N. A Comparison of Geostatistical Methodologies Used To Estimate Snow Water Equivalent[J]. Water Resources Bulletin,1996,32:267-278.

Coffee N,Turner D,Clark R A,et al. Measuring national accessibility to cardiac services using geographic information systems[J]. Applied Geography,2012,34:445-455.

Collier P,Forrese D,Pearson A. The representation of topographic information on maps:the depiction of relief[J]. The Cartographic Journal,2003,40(1):17-26.

Collischonn W,Pilar J V. A direction dependent least-cost-path algorithm for roads and canals[J]. International Journal of Geographical Information Science,2000,14(4):397-406.

De Mesnard L. Pollution models and inverse distance weighting:Some critical remarks[J]. Computers & Geosciences,2013,52:459-469.

Declercq F A N. Interpolation methods for scattered sample data:accuracy,spatial patterns,processing time[J]. Cartography and Geographic Information Systems,1996,23(3):128-144.

Deo N,Pang C Y. Shortest-path algorithms:Taxonomy and annotation[J]. Networks,1984,14(2):275-323.

Dijkstra E W. A note on two problems in connexion with graphs[J]. Numerische mathematik,1959,1(1):269-271.

Faizuddin M,AlSadah J H,Osais Y E. Water conservation using smart multi-user centralized mixing systems[J]. SAI Intelligent Systems Conference (IntelliSys),2015, On page(s):362-370.

Falcucci A,Maiorano L,Ciucci P,et al. Land-cover change and the future of the Apennine brown bear:a perspective from the past[J]. Journal of Mammalogy,2008,89(6):1502-1511.

Fotheringham A S,Charlton M E,Brunsdon C. Geographically weighted regression:a natural evolution of the expansion method for spatial data analysis[J]. Environment and planning A,1998,30(11):1905-1927.

Getis A,Ord J K. The analysis of spatial association by use of distance statistics[J]. Perspectives on Spatial Data Analysis,Springer,2010:127-145.

Gong Jianxin. Clarifying the standard deviational ellipse[J]. Geographical Analysis,2002,34(2):155-167.

Gonzalez Marta C, Hidalgo, Cesar A, et al. Understanding individual human mobility patterns[J]. Nature, 2008,453(7196):779-782.

Goodchild M. Spatial Autocorrelation. Concepts and Techniques in Modern Geography 47. Norwich, UK:Geo Books,1986.

Gordon Larsen P, Nelson M C, Page P, et al. Popkin, BM. Inequality in the built environment underlies key health disparities in physical activity and obesity[J]. Pediatrics,2006,117(2):417-424.

He S, Pan P, Dai L, et al. Application of kernel-based Fisher discriminant analysis to map landslide susceptibility in the Qinggan River delta, Three Gorges, China[J]. Geomorphology,2012,171-172(0):30-41.

Kindall J L, Manen F T. Identifying habitat linkages for American black bears in North Carolina, USA[J]. The Journal of wildlife management,2007,71(2):487-495.

Krugman P R. Geography and trade[J]. Nature,2012(3597):661-662.

Krugman P. What's new about the new economic geography? [J]. Oxford review of economic policy,1998,14(2):7-17.

Lane S N, Richards K S, Chandler J H. Landform monitoring, modelling and analysis[M]. John Wiley & Sons Ltd. ,1998.

Laslett G M. Kriging and splines:an empirical comparison of their predictive performance in some applications [J]. Journal of the American Statistical Association,1994,89(426):391-400.

LeSage J P. A spatial econometric examination of China's economic growth[J]. Geographic Information Sciences,1999,5(2):143-153.

Lloyd C. Assessing the effect of integrating elevation data into the estimation of monthly precipitation in Great Britain[J]. Journal of Hydrology,2005,308(1):128-150.

Losch A. Economics of location, Translated by Woglom W H with the assistance of Stolper W F, New Haven: Yale University Press,1954.

Mitás L, Mitásová H. General variational approach to the interpolation problem[J]. Computers & Mathematics with Applications,1988,16(12):983-992.

Mitásová H, Mitás L. Interpolation by regularized spline with tension:I. Theory and implementation[J]. Mathematical geology,1993,25(6):641-655.

Nordhaus W D. Geography and macroeconomics:New data and new findings[J]. Proceedings of the National Academy of Sciences of the United States of America,2006,103(10):3510-3517.

Oliver M A, Webster R. Kriging:a method of interpolation for geographical information systems[J]. International Journal of Geographical Information System,1990,4(3):313-332.

Oliver, Margaret A, Webster, Richard. Kriging:a method of interpolation for geographical information systems [J]. International Journal of Geographical Information System,1990,4(3):313-332.

Paez A, Gebre G M, Gonzalez M E, et al. Growth, soluble carbohydrates, and aloin concentration of Aloevera plants exposed to three irradiance levels[J]. Environmental and Experimental Botany,2000,44(2):133-139.

Perez P, Sanz G, Puig V, et al. Leak Localization in Water Networks: A Model—Based Methodology Using Pressure Sensors Applied to a Real Network in Barcelona. IEEE Control Systems,2014,34(4).

Phillips D L, Dolph J, Marks D. A comparison of geostatistical procedures for spatial analysis of precipitation in mountainous terrain[J]. Agricultural and Forest Meteorology,1992,58(1):119-141.

Quah D. The global economy's shifting centre of gravity[J]. Global Policy,2011,2(1):3-9.

Redding S J. The empirics of new economic geography[J]. Journal of Regional Science,2010,50(1):297-311.

Robinson A H M, Muehrcke J L, Kimerling P C, et al. Elements of cartography[M]. 6th ed. New York:Wiley,1995.

Royle A G,Clausen F L,Frederiksen P. Practical universal kriging and automatic contouring[J]. Geoprocessing,1981,1:377-394.

Rozenfeld H D,Rybski D,Gabaix X,et al. The area and population of cities:New insights from a different perspective on cities[J]. Nber Working Papers,2009,101(5):2205-2225.

Scott Lauren M,Janikas Mark V. Spatial statistics in ArcGIS Handbook of applied spatial analysis[J]. Berlin:Springer Berlin Heidelberg,2010:27-41.

Seddiq Y M,Alotaibi A M,Ahmed Y,et al. Evaluation of energy-efficient cooperative scheme for wireless sensor Nodes Used in Long Distance Water Pipeline Monitoring Systems. Computational Intelligence, Communication Systems and Networks (CICSyN), 2013 Fifth International Conference on, On page(s):107-111.

Starling G. Managing the Public Sector[M]. Wadsworthco,1993.

Tarabanis K,Tsionas I. Using Network analyses for emergency planning in case of earthquake, transactions in GIS[M]. Oxford:Blackwell Scientific Publications,1999.

Tinbergen J. The use of models:experience and prospects[J]. The American Economic Review,1981,71(6):17-22.

Tobler W R. A computer movie simulating urban growth in the Detroit region[J]. Economic Geography,1970:234-240.

Van Der Veen,Anne,Logtmeijer,Christiaan. Economic hotspots:visualizing vulnerability to flooding[J]. Natural Hazards,2005,36(1-2):65-80.

Wei Y D. Beyond the Sunan model:trajectory and underlying factors of development in Kunshan[J]. China. Environment and Planning A,2002,34(10):1725-1748.

Wei Y D. Regional development in China:states, globalization and inequality[M]. Routledge,2000.

Wei Y D. Regional inequality in China[J]. Progress in Human Geography,1999,23(1):49-59.

Wilson J P,Gallant J C. Terrain analysis: principles and applications[M]. New York:Wiley,2000.

Yang X,Hodler T. Visual and statistical comparisons of surface modeling techniques for point-based environmental data[J]. Cartography and Geographic Information Science,2000,27(2):165-176.

Yang X J,Hodler T. Visual and statistical comparisons of surface modeling techniques for point-based environmental data[J]. Cartography and Geographc Information Science,2000,27(2):165-176.

Yu C,Lee J, Munro-Stasiuk M J. Extensions to least-cost path algorithms for roadway planning[J]. International Journal of Geographical Information Science,2003,17(4):361-376.

Zimmerman D,Pavlik C,Ruggles A,et al. An experimental comparison of ordinary and universal kriging and inverse distance weighting[J]. Mathematical Geology,1999,31(4):375-390.